北方四校（北方工业大学 山东建筑大学 内蒙古工业大学 烟台大学）

联合城市设计——首钢主题 2015

North Four School of Architecture (North China University of Technology, Shandong
Jianzhu University, Inner Mongolia University of Technology, Yantai University)
United Urban Design—Shougang Industrial Theme 2015

主 编：北方工业大学 山东建筑大学 内蒙古工业大学 烟台大学

中国建筑工业出版社

图书在版编目（CIP）数据

北方四校（北方工业大学 山东建筑大学 内蒙古工业大
学 烟台大学）联合城市设计——首钢主题 2015/ 北方工业大
学等主编 . —北京：中国建筑工业出版社，2016.8
ISBN 978-7-112-19690-6

Ⅰ.①北…　Ⅱ.①北…　Ⅲ.①城市规划—建筑设计—作品
集—中国—现代　Ⅳ.①TU984.2

中国版本图书馆CIP数据核字（2016）第196726号

责任编辑：唐　旭　吴　佳
责任校对：李美娜　张　颖

北方四校（北方工业大学 山东建筑大学 内蒙古工业大学 烟台大学）
联合城市设计——首钢主题2015

主编：北方工业大学　山东建筑大学　内蒙古工业大学　烟台大学
　　　*
中国建筑工业出版社出版、发行（北京西郊百万庄）
各地新华书店、建筑书店经销
北京京点图文设计有限公司制版
北京缤索印刷有限公司印刷
　　　*
开本：880×1230毫米　横1/16　印张：7¼　字数：200 千字
2016年8月第一版　2016年8月第一次印刷
定价：**68.00**元
ISBN 978-7-112-19690-6
　　　（29136）

北方四校（北方工业大学 山东建筑大学 内蒙古工业大学 烟台大学）

联合城市设计——首钢主题 2015

目 录

时间轴

2015.09.13 日备课式开会

2015.09.14 布置课题 开题讲课 分组讨论 现场调研

2015.09.18 开题答辩

2015.09.21——10.15 四校学生分别在各校将前期调研成果及分析汇总，进行初步设计，制作手工模型，推进设计进度。

2015.10.16 中期成果汇报及答辩，学生汇报，老师提问并提出意见。

01 开题汇报阶段

02 初步设计阶段

03

现场直击

事件概览

地点

2015.10.19——11.18

四校根据中期考核阶段老师提出的意见将自己方案进行修改，并深化设计，推进设计进度。

2015.10.16

研讨交流，以四年级教学及城市教学为主题进行讨论与交流。

2015.11.20

最终成果评图及答辩，学生汇报，老师提问并提出意见。

2015.11.23

各校教师针对城市设计教学中的问题继续进行了讨论和交流。

考核阶段

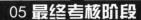

04 深入设计阶段

05 最终考核阶段

现场直击

北方四校联合城市设计——首钢主题 2015

北方四校联合教学任务书

设计题目：首钢工业区的更新发展地段城市设计

本课题为北方四校联合（北方工业大学、山东建筑大学、内蒙古工业大学、烟台大学）四年级城市设计课题。课题选址位于北京石景山区北京首钢工业园区，目前很多地块的城市设计与单体建筑设计方案还处于策划设计阶段，因此本课题的选址赋有很好的挑战性。就在本次设计课题圆满完成之后，2016年初春，北京市政府已经决定将2022年冬季奥运会的冬奥组委办公总部驻进北京首钢工业园区，为本课题的选址与课程设计提供了很好的基础条件与未来可以期盼的可持续发展的研究背景。

一、教学目的与要求：
1.1 教学目的：四年级建筑设计课程的重点是城市设计和大型公共建筑设计专题。通过该课题的训练，使学生掌握：
（1）正确认识城市设计与城市规划、建筑设计的关系，树立全面、整体的"城市设计观"，了解城市设计的基本目标、原则及社会、经济、文化内涵。
（2）掌握城市设计的基本内容、方法与工作程序，以城市设计的基本理论为基础，学习运用多种设计方法，从设计调研、资料分析与研究以及相关问题的分析来科学地进行相应的规划设计。
（3）掌握城市开放空间，尤其是工业厂区的有机更新地区的公共开放空间（如广场、公共绿地等）、群体建筑形态以及外部空间界面的综合设计以及围绕工业厂区的生态修复综合问题与策略研究的设计内容。
（4）综合处理功能技术与较复杂、造型要求较高的高层公共建筑群体形态、功能安排、交通疏散、开放空间等等问题，以及大型公共建筑单体与高层综合楼的设计方法。课题强调各种相关学科、相关专业的交叉，树立综合意识和广义环境意识，培养学生解决综合设计问题的能力。
1.2 教学要求
课程设计研究过程中重点应注意以下几方面的学习：
城市设计：对城市重点地区包括重要的工业厂区的群体建筑及城市空间要素进行调查、分析研究，结合城市设计的基本概念和方法组织好群体建筑与单体建筑的功能布局，对城市形体环境进行正确的并有艺术创造力的设计
A 从工作方法层面，有以下几个目标：
（1）结合本次北京首钢工业园区的具体方案选址的城市设计，充分了解和掌握城市设计的基本概念和思考方法，从城市区域规划、总体规划、详细规划到城市设计同建筑设计之间建立正确的联系方法，从城市和街区的群体建筑的相互关系的协调和对话中，按设计任务要求来设计群体建筑，结合本课题紧密高效的方案设计，通过实践加深理解，将理论和实践紧密结合起来。初步掌握联系实际、调查研究、群众参与的工作方法，有能力在调查研究与收集资料的基础上，拟定设计目标和设计要求。
（2）从建筑学的视角出发，关注单体建筑包综合体与各种类型的建筑，如何同城市设计的宏观、中观与微观层面的综合联系，使建筑学的学生都能了解和掌握在城市设计导则及相关的城市规划要点的基础上，如何正确地并有创造力地设计群体建筑与单体建筑形态。
（3）充分了解和掌握设计功能技术复杂、造型要求较高的高层公共建筑群体形态组织、功能安排、交通组织与安全疏散，开放空间、绿化与景观设计等问题，以及大型公共建筑单体与高层综合楼的设计方法。
（4）城市设计不能脱离具体的国家和地域的历史和文化发展的客观现实，因此，在本次北京首钢工业园区具体的城市设计实践中，要加强同学们对城市设计任务所在地段和城市历史文化的研究与关注，从中发现有特色和有价值的设计理念，并具体应用于实际的方案设计中。
B 具体落实到设计层面需要处理好本地段与周边城市环境的各种关系：
（1）处理好与周边城市建筑与空间肌理的关系，图底关系
（2）处理好本基地与周边城市交通的关系，包括行车交通和人行交通。
（3）处理好本基地与周边城市民众生活的关系。
（4）处理好群体形象与地块周边建筑群体环境的关系。
（5）处理好地段业态功能与周边城市功能的关系。
C 在深化设计阶段应处理好：
（1）场地设计：综合地段的地形条件、规划条件、规范要求，周边城市建筑环境、交通环境，处理好建筑总体布局、地段内外的人、车流交通布局，主、次入口的设置，场地停车、绿化环境设计。
（2）建筑设计：正确理解相关规范与指标，组织好各功能空间的组合与主次流线关系。综合建筑总平面、平面、立面的设计，塑造室内外协调统一的空间组合和外观造型。
（三）技术设计：鉴于大型公共建筑构成的综合性、复杂性，应注重结构选型、设备选型对设计构思、空间处理的影响，并结合智能、节能、生态等设计因素。
二、调研指导：
结合本次北京首钢工业园区的具体方案选址的城市设计，需要认真做好下列工作：
2.1 调研包括实地调研和案例调研两部分
（1）实地调研：完成一手资料的收集、整理和分析。
（2）案例调研：选择若干相关案例进行客观的分析总结。
（3）检索查阅城市设计经典理论与相关案例剖析进行学习。
2.2 以前期确定的研究视角或方向为出发点，开展调研
（1）初步调研：初期调研主要确定设计地段和核心问题。
（2）深入调研：根据对问题的不断深入分析 进行深入的数据收集和整理分析归纳。
（3）调研和设计相辅相成：通过调研总结的问题，获得设计方向或策略。
三、项目基地概况：
该项目位于石景山区北京首钢工业区的更新发展区域，北京首钢工业区的更新发展区域是西起永定河、东至长安街西延长线、南到永定河、北临首钢工业区的工业遗产保护区约3.99平方公里的区域。这里有大量围绕首钢工业区服务的企业和交通运输场地。同时，石景山政府于2008年前后将该区域定义为CRD地区（中央休闲商务区），将为很多中小企业创业和成长的发展提供发展用地和政策支持（基地现状情况详见地形图）。本次城市设计提供2块用地，其功能性质有一些差异，建筑系同学可以根据现场调研情况，选择自己感兴趣的地块来从事城市设计，具体的地块设计的业态构成可以根据调研和研究分析，提出自己的设计内容和各业态的面积构成，其成果也可以为石景山区政府规划建设部门在未来实际开发和建设中作参考。
四、规划要求：
4.1 功能
石景山区北京首钢工业区 CRD 地区（首都文化娱乐休闲区）
主导功能——商务中心、综合楼、总部基地办公楼、工业创意产业以及 SOHO 办公区以及五星级高层酒店、白领中高档集合住宅等等。
4.2 要求
（1）处理好道路交通关系，建筑群体空间关系与形象。
（2）处理好该地块内外部动静交通，尤其要解决好本基地的交通关系。
（3）整体构想、功能布局应有新意，功能设置与空间形象可以有所创意。
（4）调研分析并确定基地内建筑群的基本业态、组成比例
4.3 规划设计要点：北京市首钢工业区内地块城市设计（建议）
地段——主题功能及性质及基本规划条件：文化创意产业用地
用地总面积：约23公顷　　　　　　　容积率：1.5
建筑密度：<25%　　　　　　　　　　绿化率：≥35%
建筑总高度：30米以内　　　　　　　后退红线距离：东西道路红线各退20米
停车位（辆）：每万平方米40辆车配置　平均层数（层）：5
总建筑面积（平方米）：34,500

用地红线

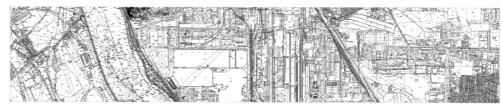

02 初步设计阶段

精彩回顾

现场直击

03 中期考核阶段

精彩回顾

现场直击

04 深入设计阶段

精彩回顾

愈合—对遗产保护不尊重—对遗产的维度

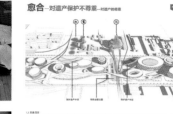

URBAN SYMBIOSIS

建筑系统原型

茶座

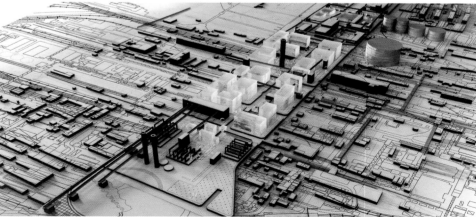

05 最终考核阶段

精彩回顾

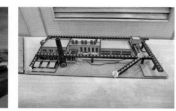

现场直击

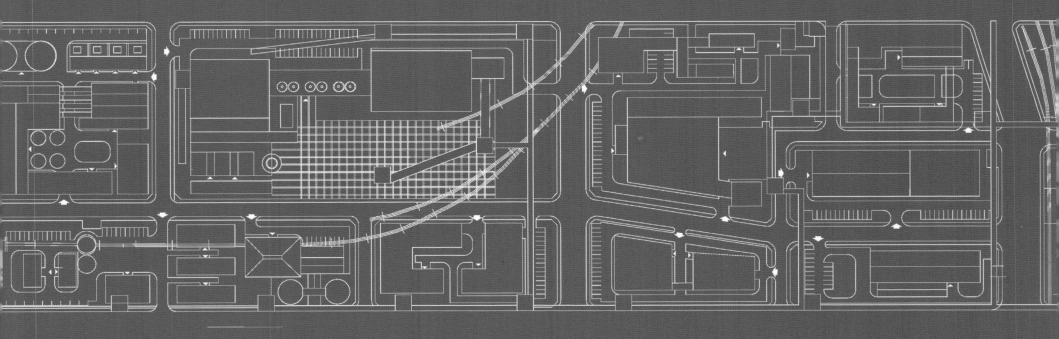

北方工业大学
North China University of Technology

设计成果
Design & Achievements

北方工业大学第一组：
组员：张希、李惠文、和斯佳、王志鹏、周林鹏
指导教师：王小斌、王振昌、李道勇

北方工业大学第二组：
组员：周雨晨、张雅琪、赵骄阳、瞿钰、赵岩
指导教师：卜德清、韩小宝、梁玮男

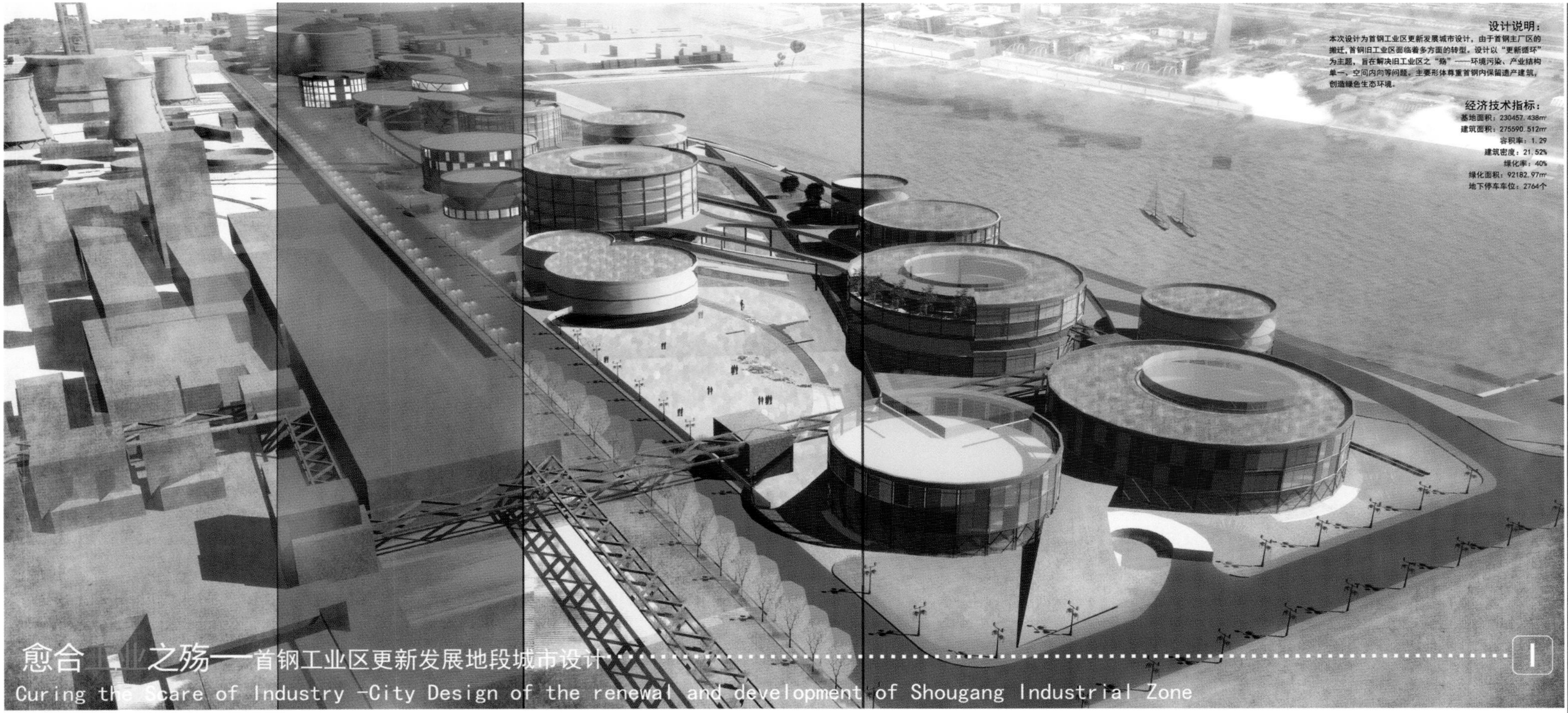

设计说明:
本次设计为首钢工业区更新发展城市设计,由于首钢主厂区的搬迁,首钢旧工业区面临着多方面的转型。设计以"更新循环"为主题,旨在解决旧工业区之"殇"——环境污染、产业结构单一、空间内向等问题。主要形体尊重首钢内保留遗产建筑,创造绿色生态环境。

经济技术指标:
基地面积:230457.438㎡
建筑面积:275590.512㎡
容积率:1.29
建筑密度:21.52%
绿化率:40%
绿化面积:92182.97㎡
地下停车位:2764个

愈合工业之殇——首钢工业区更新发展地段城市设计
Curing the Scare of Industry -City Design of the renewal and development of Shougang Industrial Zone

· 基地概况
区位分析
中国 首钢
北京 石景山
历史沿革

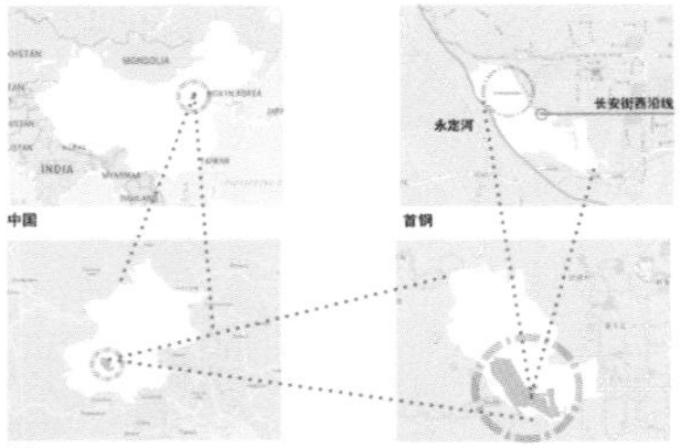

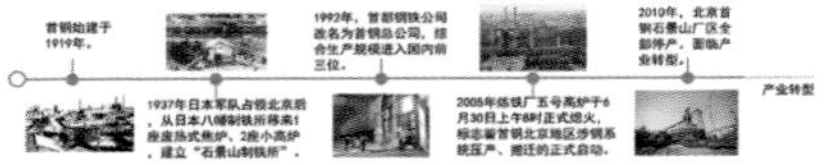

· 基地区位分析
地段整体分析 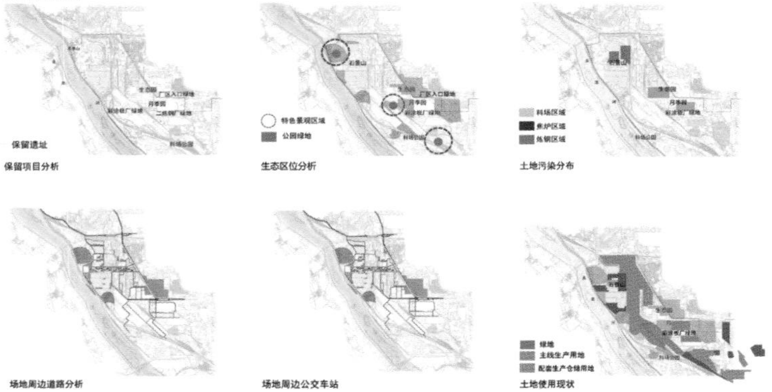
保留项目分析 生态区位分析 土地污染分布
场地周边道路分析 场地周边公交车站 土地使用现状

· 基地周边区位分析
场地周边分析 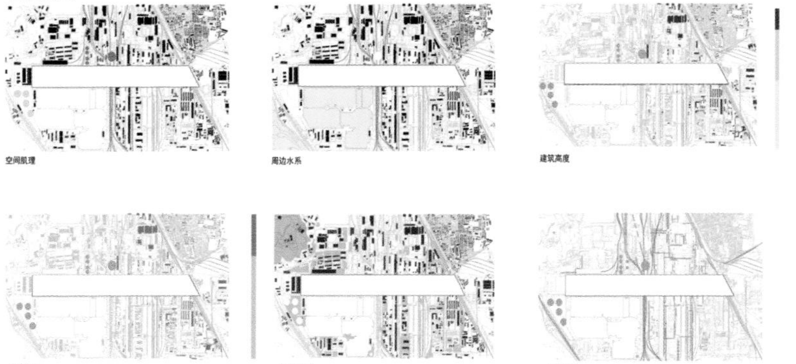
空间肌理 周边水系 建筑高度
建筑年代 周边绿化 工业遗留

· 基地SWOT分析

S 优势 Strengthes

W 劣势 Weeknesses

T 挑战 Threats

O 机遇 Opportunities

· 基地主要问题

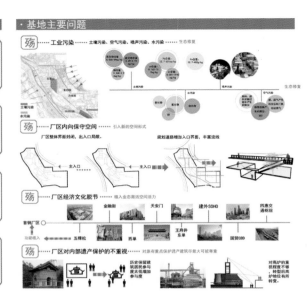

殇 工业污染 土壤污染、空气污染、噪声污染、水污染 → 生态修复

殇 厂区内向保守空间 引入新的空间形式

厂区整体界面封闭，出入口局促 规划道路增加入口界面，丰富流线

主入口 主入口

殇 厂区经济文化脱节 植入创意激活空间活力

金融街 天安门 建外SOHO 四惠交通框纽

首钢厂区 功能植入 五棵松 西单 王府井 东单 国贸CBD

殇 厂区对内部遗产保护的不重视 对原有重点保护遗产建筑下最大可能存量

历史保留建筑重视程度不够 遗产利用率增加参与度 对高炉等的重视程度不够 转型后高炉等功能有所转变

· 产业结构分析

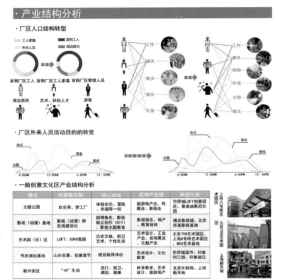

· 厂区人口结构转型

工人家属 留守工人 外来人员 厂区退役居民

首钢厂区工人 首钢厂区工人家属 首钢厂区管理人员

周边居民 艺术、科技人才 游客

工作 游天 散步 娱乐 吃喝 住宿 购物

· 厂区外来人员活动目的的转变

办公 商务 娱乐 公园

· 一般创意文化区产业结构分析

模式	创意吸引物	核心体验	延续产业链	典型代表
主题公园	欢乐秀、梦工厂	体验欢乐、惊险、幸福等一切	旅游地产业、传媒业、影视业	华侨城LOFT创意园区、香港迪斯尼
影视（动漫）基地	影视（动漫）静态资源演化	副情角色、影视独立创作（DIY）、影视主题教育	视频娱乐、地产、影视制作、影视培训	北京798艺术园区、北京怀柔影视基地
艺术园（社）区	LOFT、SOHO体验	历史文脉、前卫艺术、个性生活	艺术设计、工业产业、装饰展览、主题产业	北京798艺术园区、上海8桥艺术区、M50艺术基地
节庆演出基地	山水实景、创意造节	视觉极限冲击	艺术设计、文化教育	华侨城造节、印象刘三姐、印象丽江
新兴街区	"IN"生活	流行、前卫、潮流、健康	体育教育、艺术设计、旅游地产	北京南锣鼓巷、上海新天地

· 设计案例—北杜伊斯堡景观公园

北杜伊斯堡景观公园其原址是炼钢厂和煤矿及钢铁工业，工业生产使周边地区产重污染，于1985年废弃。公园设计与其原用途紧密结合，将工业遗产与生态绿地交织在一起。

愈合工业之殇——首钢工业区更新发展地段城市设计 ▢ II

Curing the Scare of Industry—City Design of the renewal and development of Shougang Industrial Zone

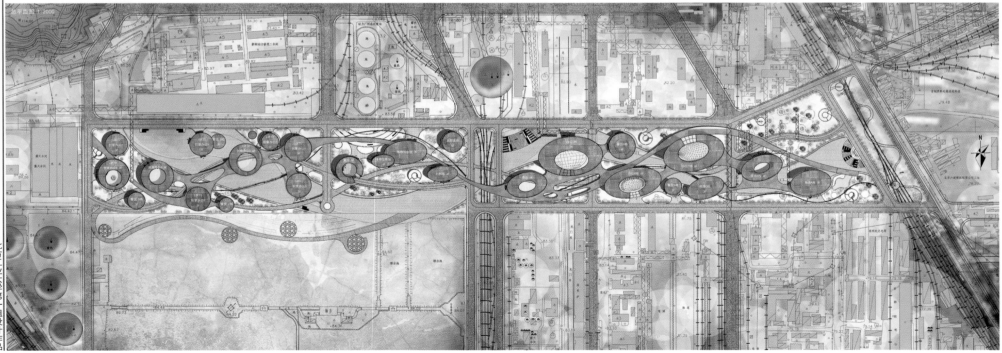

总平面图 1:2000

愈合工业之殇——首钢工业区更新发展地段城市设计 · · · · · · · · · · · · · · III

Curing the Scare of Industry—City Design of the renewal and development of Shougang Industrial Zone

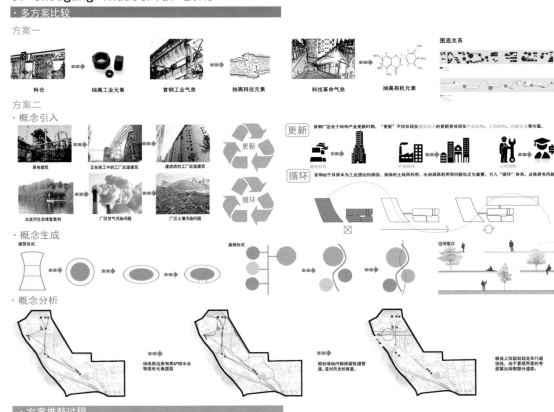

· 多方案比较

方案一

料仓　　抽离工业元素　　首钢工业气息　　抽离科技元素　　科技革命气息　　抽离有机元素　　图底关系

方案二

· 概念引入

原有建筑　　正在施工中的工厂改造建筑　　建成后的工厂改造建筑

永定河生态修复案例　　厂区空气污染问题　　厂区土壤污染问题

更新

循环

首钢厂区处于结构产业更新时期，"更新"不仅体现在建筑形式的更新更替也体现在产业结构，人员结构，功能业态等方面。

首钢由于其原本为工业遗址的原因，面临的土地再利用、水资源再利用等问题也尤为重要，引入"循环"体系，改善原有风貌。

建筑形式　　产业结构　　人员结构

· 概念生成

建筑形式　　　　　　　路网形式　　　　　　空间层次

· 概念分析

根据上位规划边界有高炉吸水池等圆形元素提取　　规划场地内部保留铁道管道，是对历史的尊重　　根据上位规划划定车行道流线，由于景观界面的考虑留出南侧部分道路。

· 方案推敲过程

方案推敲过程

STEP1 场地中规划下沉空间

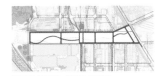

STEP2 场地中一层加入车行道

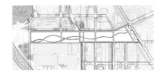

STEP3 场地中一层加入人行曲线道路

STEP4 场地中加建铁道，形成环状铁道绿环

STEP5 场地中划定历史保留管道和铁道

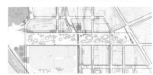

STEP6 场地中加入圆形或者椭圆形的建筑

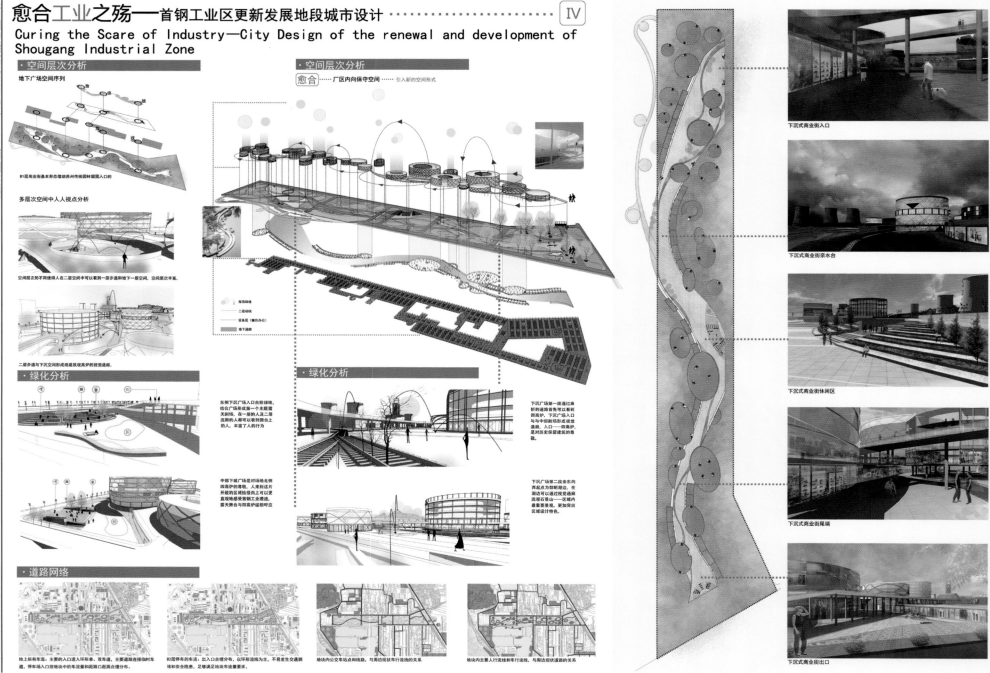

愈合工业之殇——首钢工业区更新发展地段城市设计 ⅠⅤ

Curing the Scare of Industry—City Design of the renewal and development of Shougang Industrial Zone

·空间层次分析

地下广场空间序列

B1层商业街基本形态借助苏州传统园林留园入口的

多层次空间中人人视点分析

空间层次的不同使得人在二层空间中可以看到一层步道和地下空间，空间层次丰富。

二层步道与下沉空间形成观赏建筑高炉的视觉通廊。

·空间层次分析

愈合 厂区内向保守空间 → 引入新的空间形式

东侧下沉广场入口台阶绿地，结合广场形成第一个主题露天剧场，在一层的人及二层连廊的人都可看到舞台上的人，丰富了人的行为

中部下沉广场是对场地北侧四高炉的尊敬，人来到这片开敞的区域漫步而上可以更直观地感受钢工业遗迹，露天舞台与四高炉遥相呼应

下沉广场第一段通过曲折的道路首先可以看到四高炉，下沉广场入口与中部剧场形成视觉通廊，入口——四高炉，是对历史保留建筑的尊敬。

下沉广场第二段由东向西起点为朝潮湖边，在湖边可以通过视觉通廊远观石景山一区域内最重要看点，更加突出区域设计特色。

·绿化分析

·道路网络

地上有车区：主要的入口进入环形单、双车道，主要道路连接临时车道，停车场入口接地块中的车流量和距离路口距离合理分布。

B2层停车的车流：出入口合理分布，以环形流线为主，不易发生交通拥堵和安全隐患，以基满足地块车流量要求。

地块内公交车站点和线路，与周边规状车行线的关系

地块内主要人行流线和车行流线，与周边环状道路的关系

下沉式商业街入口

下沉式商业街亲水台

下沉式商业街休闲区

下沉式商业街尾端

下沉式商业街出口

• 生态修复

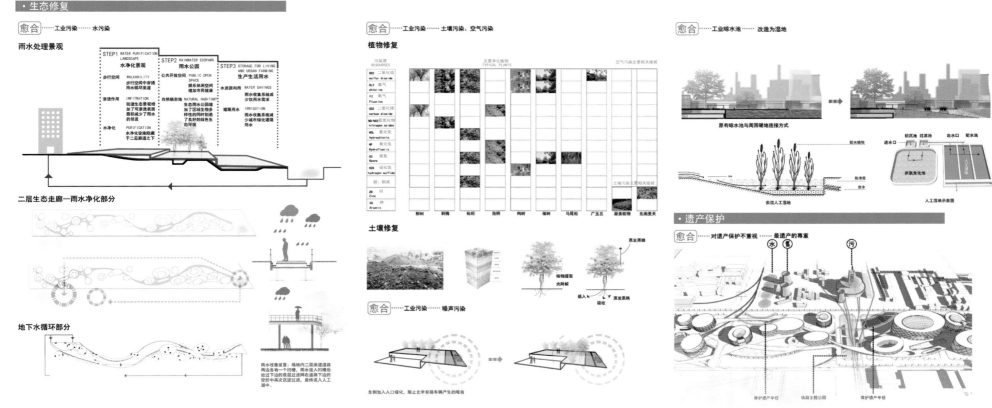

愈合 ····工业污染 ····水污染

雨水处理景观

STEP1 WATER PURIFICATION LANDSCAPE
水净化景观
步行空间 WALKABILITY
步行空间中穿插雨水循环步道
渗透作用 INFILTRATION
街道生态景观增加了可渗透表面面积减少了雨水的径流
水净化 PURIFICATION
水净化设施隐藏于二层廊道之下

STEP2 RAINWATER ECOPARK
雨水公园
公共开放空间 PUBLIC OPEN SPACE
娱乐休闲空间增加市民健康
自然栖息地 NATURAL HABITANT
生态雨水公园增加了区域生物多样性的同时创造了良好的绿色生态环境

STEP3 STORAGE FOR LIVING AND URBAN FARMING
生产生活用水
水资源利用 WATER SAVINGS
雨水收集系统减少饮用水需求
灌溉用水 IRRIGATION
雨水收集系统减少城市绿化灌溉用水

二层生态走廊—雨水净化部分

地下水循环部分

雨水收集装置：场地内二层廊道道路两边各有一个水槽，雨水流入沟槽后经过下边的双层过滤网在道路下边的空腔中再次沉淀过滤，最终流入人工湖中。

愈合 ····工业污染 ····土壤污染、空气污染

植物修复

污染源 RESOURSES	主要净化植物 TYPICAL PLANTS								空气污染主要相关植被
SO2 二氧化硫 sulfur dioxide									
CL2 氯气 chlorine									
F2 氟气 Fluorine									
CO2 二氧化碳 carbon dioxide									
NO/NO2 氮氧化物 nitrogen oxides									
HCL 氯化氢 hydrochloric									
HF 氟化氢 Hydrofluoric									
O3 臭氧 Ozone									
H2S 硫化氢 hydrogen sulfide								土壤污染主要相关植被	
部、铜类									
ZN 锌 Zinc								蕨类植物	
AS 砷 Arsenic								东南景天	

柳树　刺槐　枇杷　泡桐　枸树　榛树　马尾松　广玉兰

土壤修复

蒸发蒸腾
植物提取
光降解
渗入
吸收
蒸发蒸腾

愈合 ····工业污染 ····噪声污染

东侧加入入口绿化，阻止北辛安路车辆产生的噪音

愈合 ····工业晾水池 ····改造为湿地

原有晾水池与周围硬地连接方式

进水口　初沉池　过滤地　出水口　配水池
净化植物
防渗层
表流人工湿地
人工湿地示意图
厌氧集化池

• 遗产保护

愈合 ····对遗产保护不重视 ····最遗产的尊重

水　富　污
保护遗产半径　铁路主题公园　保护遗产半径

愈合工业之殇——首钢工业区更新发展地段城市设计 ·············· V

Curing the Scare of Industry—City Design of the renewal and development of Shougang Industrial Zone

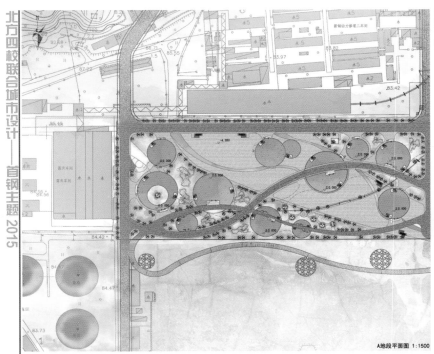

A地段平面图 1:1500

愈合工业之殇——首钢工业区更新发展地段城市设计 ·········· 愈·· VI

Curing the Scare of Industry—City Design of the renewal and development of Shougang Industrial Zone

• 经济技术指标

	地块1	单位
地块面积	58052.35	m²
建筑面积	85220.936	m²
容积率	1.468	
建筑密度	0.28279	

这片区域为场地最西端最靠近永定河和石景山一侧，建筑面积为5块地中最大。由于上位规划规划较高要求，所以此区域建筑密度和容积率都较低。

• 功能业态

	创意园区 总面积	单位
建筑面积	46051.2	m²
	275590.5	
百分比	0.1671	1	%

这片区域主要功能为创意文化办公，为席这里的设计师、艺术家、高科技人才提供工作室、办公的场所，带动整个首钢厂区人口结构的变化，实现复兴。

创意社区　创意办公　创意画廊　创意展览　创意园区

• 消防通道

15000 主要消防道

• 立面风格

天际线

A地段南立面图

A地段北立面图

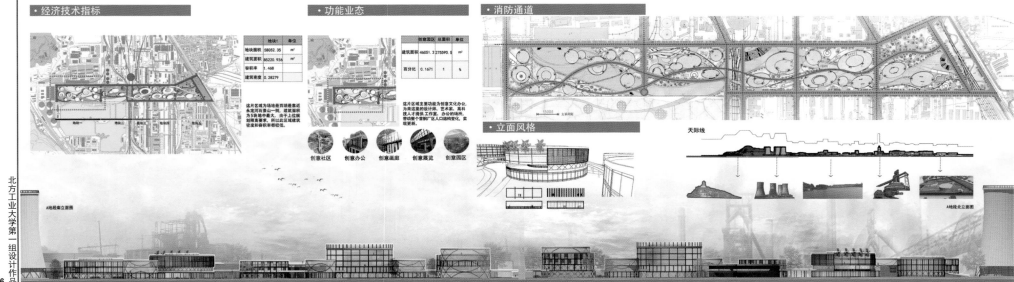

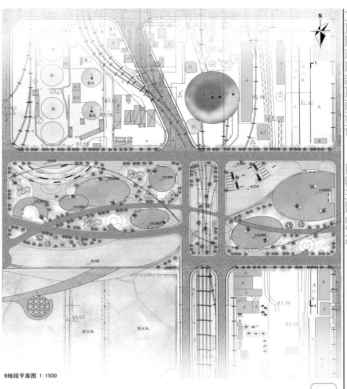

B地段平面图 1:1500

愈合工业之殇——首钢工业区更新发展地段城市设计
Curing the Scare of Industry—City Design of the renewal and development of Shougang Industrial Zone

• 经济技术指标

	地块2	地块3	单位
地块面积	34262.56	19387.24	m²
建筑面积	27660.23	52486.217	m²
容积率	0.81	2.707	
建筑密度	0.19947	0.42129	

该地段为地块2和地块3，其中地块2由于东临铁道连接公园南邻明湖，景观视野好，因此建筑密度较轻，功能方案安排有其其基地总部等，地块3处于整个场地态朝开端，属于高强度开发，设有酒店办公等功能，大型商业公园建为石景山居住的知识分子提供便利的上班空间，带动整个首钢厂区的经济文化发展，促线产业结构转型。

• 功能业态

	小剧场	博物馆	总部基地
建筑面积 m²	4354.33	9866.14	8543.31
百分比(%)	0.0158	0.0358	0.031

博物馆　基地总部　酒店餐饮

	图书馆	餐厅	单位
建筑面积	170313.5	40759.8	m²
百分比	0.0618	22129.92	%

• 立面风格

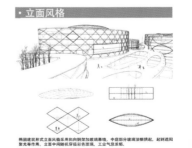

椭圆建筑形式立面风格采用斜向钢架加膜玻璃幕墙，中庭部分玻璃顶棚拱起，起到遮阳聚光等作用，立面中间随机穿插彩色玻璃，工业气息浓郁。

• 造型结构

椭圆及圆形建筑顶部拱起部分采用传统木架形式，利用钢架龙骨将建筑顶棚拱起，拱起表面窗户分据，形成丰富的立面形式，使光影更加丰富。

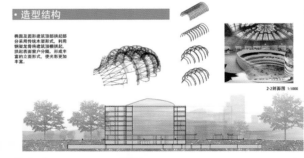

2-2剖面图 1:1000

B地段北立面图　　　　　　　　　　　　　　　　B地段南立面图

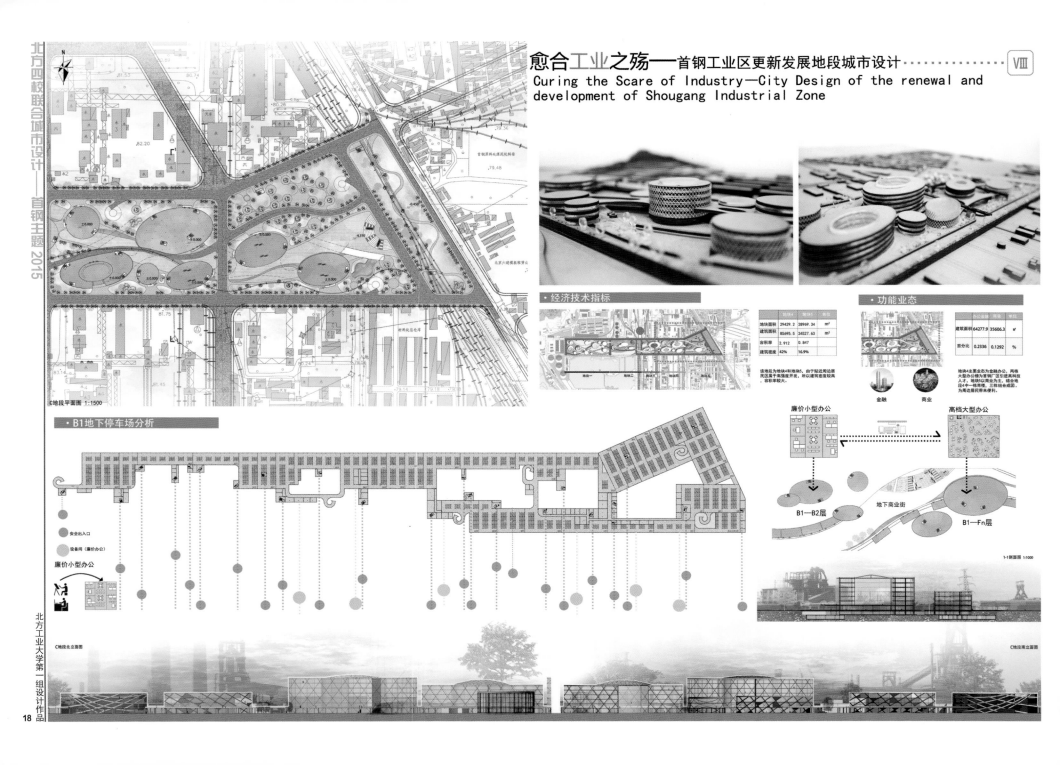

愈合工业之殇——首钢工业区更新发展地段城市设计·············
Curing the Scare of Industry—City Design of the renewal and development of Shougang Industrial Zone

北方四校联合城市设计——首钢主题 2015

C地段平面图 1:1500

• 经济技术指标

地块面积	29429.2	28769.34	m²
建筑面积	85695.5	34527.63	m²
容积率	2.912	0.847	
建筑密度	42%	16.9%	

该地段为地块4和地块5，由于贴近周边居民区属于高强度开发，所以建筑密度较高，容积率较大。

• 功能业态

办公金融	商业	单位
建筑面积	64277.9	35606.3	㎡
百分比	0.2336	0.1292	%

金融   商业

地块4主要业态为金融办公，两栋大型办公楼为首钢"区"引进高科技人才。地块5以商业为主。结合地段4中一栋商楼，三栋组合成园，为周边居民带来便利。

• B1地下停车场分析

安全出入口
设备间（廉价办公）

廉价小型办公

廉价小型办公 → 高档大型办公

B1—B2层   地下商业街   B1—Fn层

1-1剖面图 1:1000

C地段北立面图

C地段南立面图

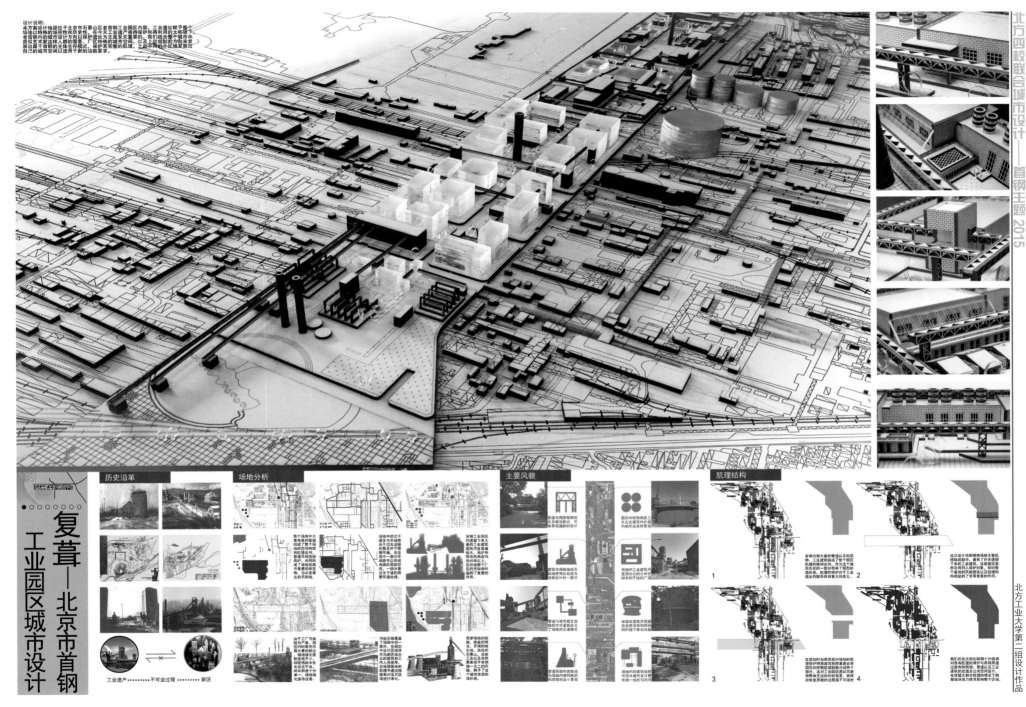

设计说明：
本方案设计地段位于北京市石景山区老首钢工业园区内部，工业遗址赋予整个场地以特殊的场所精神和历史性。在今天工业遗产保护和再利用的大趋势中，作为历史城市的城市设计方法以保护为主也显得尤为重要。我们试图合整个场地的特殊性与城市当做下的城市空间需求来进行本次设计，让场地的发展融合整个城市中，使保护有艺术这样的人群的需要。广度特殊的城市空间来发展出属于首钢的主体生存模式，在保护其完整的肌理的前提下，将不同的小区域发展出自己的城市空间以适用于新的功能需要。

历史沿革

场地分析

主要风貌

肌理结构

复茸——北京市首钢工业园区城市设计

工业遗产 -·-·- 不可逆过程 ·······新区

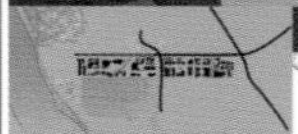

复葺—北京市首钢

工业园区城市设计

上位规划

场地创想

业态设计

活动路线

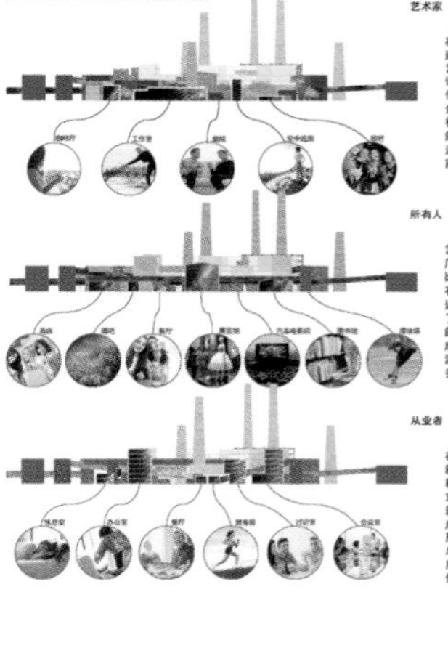

艺术家

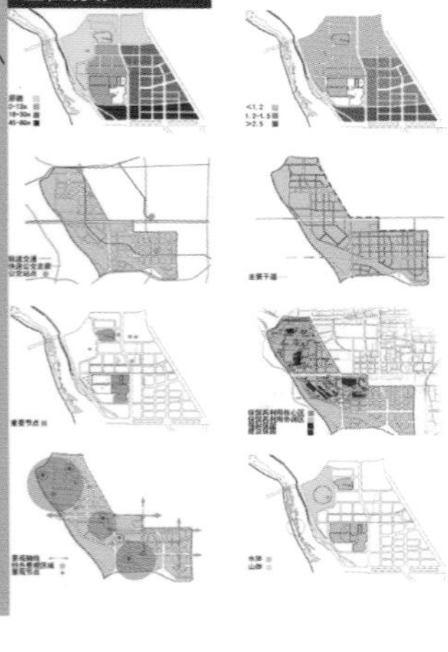

在计划保留较多老建筑的区域装除了艺术家们，北京的许多艺术家谱出文什工作室高高的越余，对于首钢规划初期选走费枢工坊的建筑将模价价值适中的空间使艺术家能等长期适往。

所有人

艺术家所在的旧工厂区域将开发通度比较大的艺术都区之间有一片过渡的区域。这片场地上通留下了一些高度比较大的建筑，粗粝的表面可设计感强的装置。根对地究减了新组交降时过滤的功能，形成许多公共开放空间。

从业者

在开发强度较大的艺术都区域打设想了一种强化都的商业模式。这种模式是情都区的建筑群新成它们自己的空间形式，一一些高站有。一些小办公路和这座大想度上促进了人员的流动。

场地中遗留的烟囱，工业建筑，构筑物，晾水池不断激发我们对未来未活动的畅想；高耸的烟囱成为人们观赏个园区的嘹望台，粗粝的表面可设重要密的装置，晾水池成为人们游玩的水边风景，巨大的建筑物成为了露天的剧场。

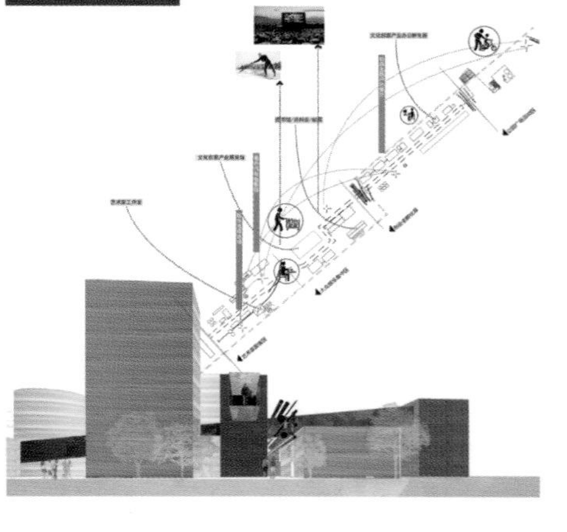

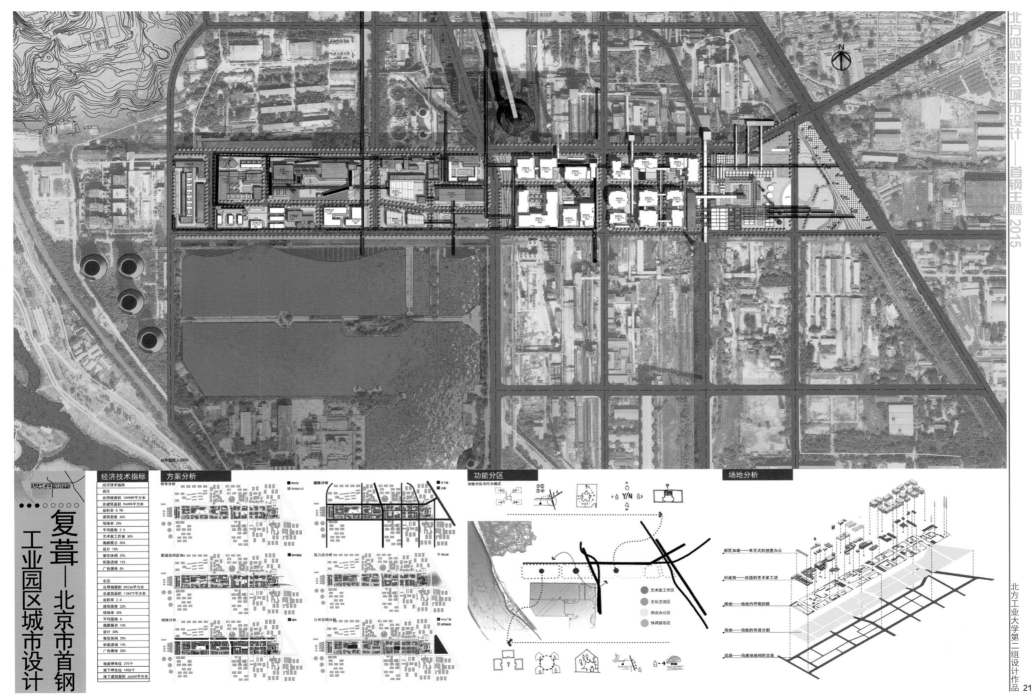

复茸——北京市首钢工业园区城市设计

经济技术指标

西区
总用地面积 104989平方米
总建筑面积 94490平方米
容积率 0.90
建筑密度 36%
绿地率 25%
平均层数 2.5
艺术家工作区 30%
画廊展示区 20%
设计 10%
餐饮休闲 20%
创意店铺 15%
广告媒体 5%

东区
总用地面积 59236平方米
总建筑面积 118472平方米
容积率 2.0
建筑密度 22%
绿地率 30%
平均层数 6
画廊展示区 15%
设计 30%
餐饮休闲 20%
创意店铺 15%
广告媒体 20%

地面停车位 270个
地下停车位 1900个
地下建筑面积 60000平方米

总平面图 1:2000

方案分析

停车分析   道路分析

管道空间疏理   活力点分析

绿地分析   公共空间分析

功能分区

功能分区与行为模式

艺术家工作区
文化交流区
商业办公区
休闲娱乐区

场地分析

新区加建——单元式的创意办公
旧建筑——改造的艺术家工坊
绿地——场地内呼吸的肺
场地——功能的有效分割
道路——沟通场地间的交流

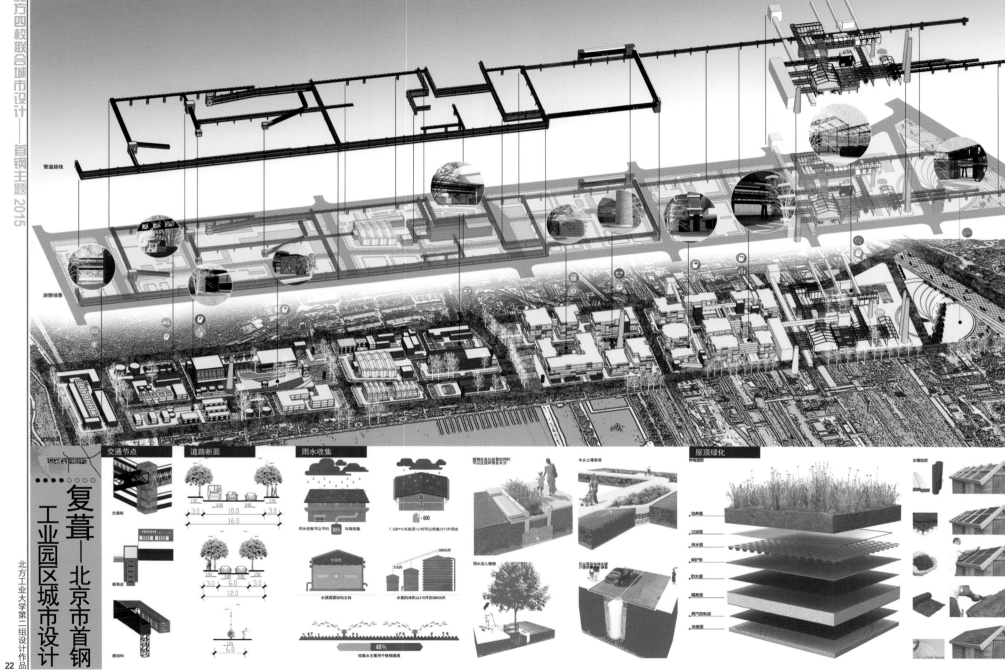

复葺——北京市首钢工业园区城市设计

管道路线

游憩场景

建筑绘画

交通节点

交通板

新表皮

新结构

道路断面

3.0 10.0 3.0
16.0

3.0 6.0 3.0
12.0

6.0

雨水收集

植物在美化街景的同时
可以过滤并蒸发水分

雨水收集可以节约 80% 年降雨量

7.6米*12米房顶1小时可以收集2271升雨水

水箱需要结构支持

水箱的体积从210升到38000升

38000升

210升

收集水主要用于植物灌溉

40%

水从土壤渗透

雨水流入植物

屋顶绿化

种植屋面

培养基

过滤层

排水层

保护垫

防水层

隔离层

蒸汽控制层

夹板层

步道说明

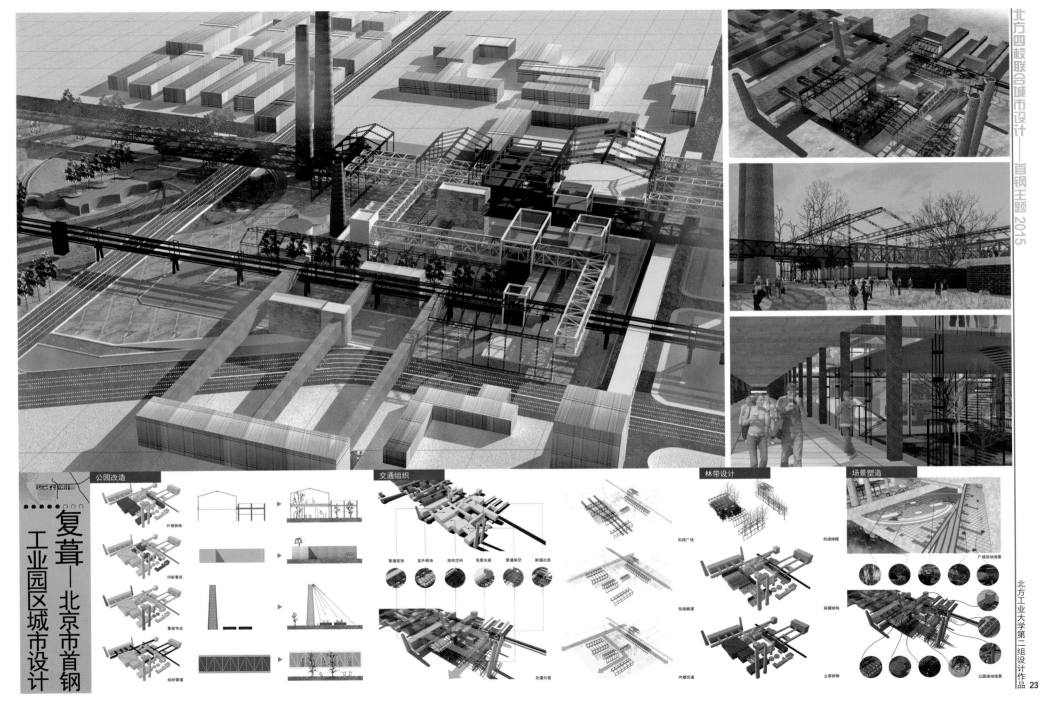

公园改造

交通组织

林带设计

场景塑造

复葺——北京市首钢工业园区城市设计

外墙拆除

功能重组

景观节点

组织管道

管道连接 室外剧场 游戏空间 观景长廊 管道架空 轨道改造

衔接广场

衔接搬道

内部交通

交通分层

立面拆除

形成绿植

保留结构

广场活动场景

公园活动场景

建筑风格

旧区改造

复葺——北京市首钢
工业园区城市设计

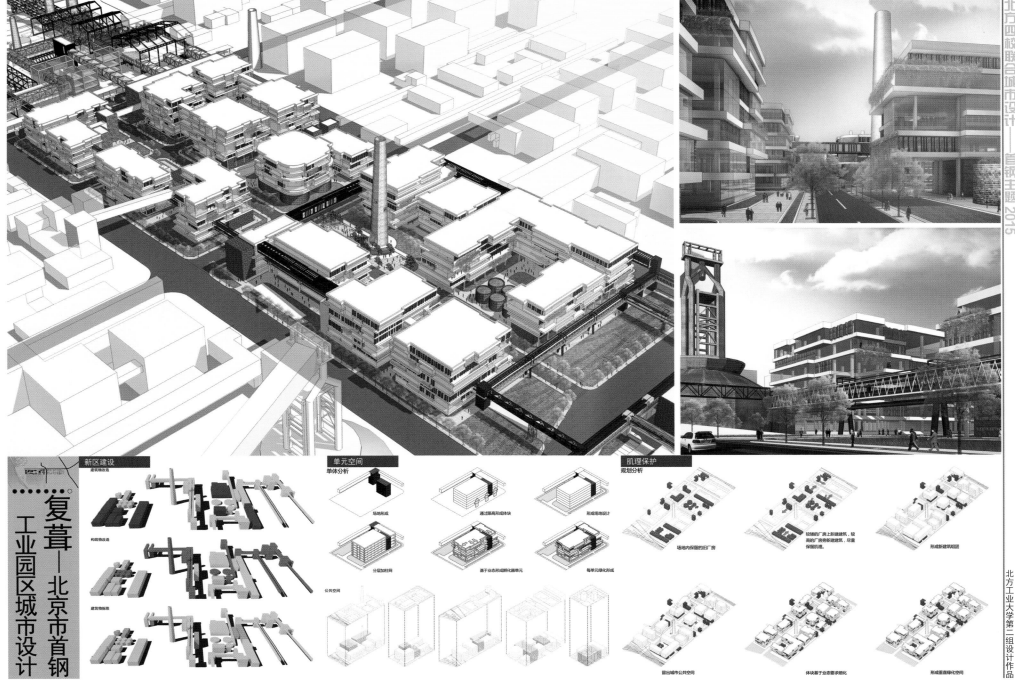

新区建设

建筑物改造

构筑物改造

建筑物拆除

复葺—北京市首钢

工业园区城市设计

单元空间

单体分析

场地形成

通过限高形成体块

形成场地设计

分层加柱网

基于业态形成孵化器单元

每单元绿化形成

公共空间

肌理保护

规划分析

场地内保留的旧厂房

较矮的厂房上新建建筑，较高的厂房旁新建建筑，尽量保留肌理。

形成新建建筑组团

留出城市公共空间

体块基于业态要求细化

形成垂直绿化空间

复茸——北京市首钢工业园区城市设计

北方工业大学第二组设计作品

剖面图 1:3000

立面图 1:3000

过程与感想
Process & Feelings

■ 第一周前期首钢调研

首钢工业区位于北京石景山西南部，永定河畔的石景山东麓，长安街西延长线的尽端，北京市区的最西端，西南侧紧邻永定河。是石景山、门头沟门城、丰台河西地区的三区交会点。其地理位置为北纬39°53´～39°59´，东经116°07´～116°14´。在北京"两轴一两带一多中心"城市空间结构中，首钢处于西部发展带和东西轴节点地位。

愈合工业之殇——首钢工业区更新发展地段城市设计

Curing the Scare of Industry –City Design of the renewal and development of Shougang Industrial Zone

■ 小组成员介绍

张希
北方工业大学
建筑学专业学生
爱好：看书、看电影

李惠文
北方工业大学
建筑学专业学生
爱好：看杂志、日语、时尚

和斯佳
北方工业大学
建筑学专业学生
爱好：看电影、看杂志

王志鹏
北方工业大学
建筑学专业学生
爱好：看书、听音乐、睡觉

■ 四校联合设计之我见

张希：
最初知道北方四校联合设计这个课题的时候觉得很神奇，可以去其他几个建筑院校看看他们的学习生活，可以看看在几百公里以外的学建筑的孩子是不是和自己一样对建筑，对生活充满热情。

李惠文：
假期知道四校联合设计让我十分激动，觉得这会对自己学习与设计水平有很大的提高，得知是同山东的两所学校联合时我更是十分开心，作为山东人可以回到家乡去代表学校做设计汇报，是十分光荣的事情。

和斯佳：
四校联合设计在我们这届是第一次，学校为了让大四学生可以扩宽视野，增强设计能力增强学校与学校之间交流的很好的平台，在交流中我们希望可以看到自己与其他院校同学之间的不同之处，取长补短。

王志鹏：
四校联合设计安排在大四第一学期是对我们之前三年的学习生活的一个总结，并且是对之后学习的一次激励，在完成设计后希望可以对自己的设计能力有所提高。

通过调研发现首钢处于百废待新的状态，由于首钢极佳的地理位置，希望通过建筑师、规划师的匠心独运可以赋予首钢第二次生命。

设计方案一

愈合工业之殇——首钢工业区更新发展地段城市设计

Curing the Scare of Industry -City Design of the renewal and development of Shougang Industrial Zone

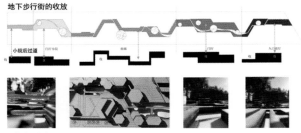

■ 绿化景观—下沉通廊

地下步行街的收放

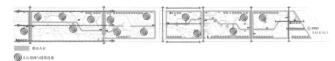

■ 道路系统

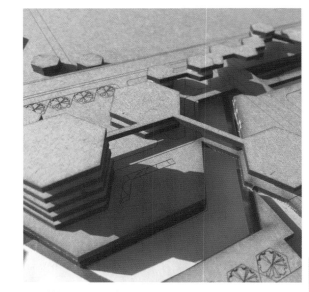

■ 设计说明:

此设计以螺丝零件、电路板等工业元素为主题，提取六边形为主要设计元素，通过高低不同且错落有致的六边形建筑的围合、排列，打造出具有空间感，变化丰富的城市肌理。其中设计的亮点是地下下沉商业街及水流引入商业街的设计，此方案商业街部分借鉴留园入口收放的特点，让人行走在其中有"柳暗花明又一村"的感觉。

■ 设计构思——灵感来源

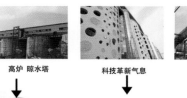

高炉 晾水塔　　　科技革新气息　　　首钢工业气息

设计方案一

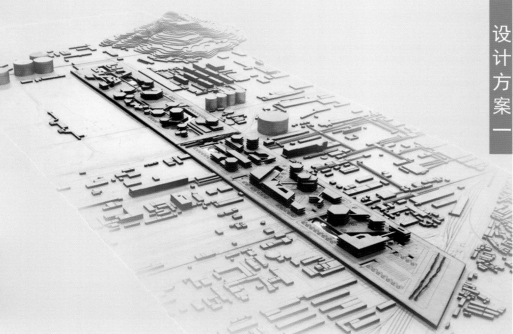

设计方案二

愈合工业之殇——首钢工业区更新发展地段城市设计

Curing the Scare of Industry -City Design of the renewal and development of Shougang Industrial Zone

■ 设计说明:

此设计提取首钢工业区中的高炉、晾水塔、铁道管道等工业元素为母题,着眼于首钢工业区的生态修复,建筑体量与周边晾水塔、高炉遥相呼应,利用曲状连廊将建筑一栋栋在二层相连,地下空间、一层、二层形成三个层级,丰富城市竖向空间。在生态修复方面,利用连廊高度及靠湖邻水的优势,设计了自然雨水净化装置,利用植被吸收空气中有害气体等。

■ 设计构思——灵感来源

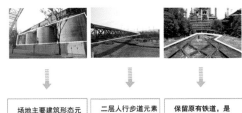

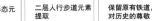

场地主要建筑形态元素提取	二层人行步道元素提取	保留原有铁道,是对历史的尊敬

■ 道路系统

动态交通　　人行交通　　车行交通

静态交通
周边原有公交、地铁站点　　区域内公交、地铁站点

结合原有公交及地铁站点,在场地内部共设计3个公交车站,方便市民出行,在场地北侧预留设计有地铁站口。

区域内停车场设置

地下停车完全代替地上停车

■ 绿化景观

铁道绿环　利用部分保留铁路及将其他地铁路拆除重铺在场地内部形成一个连贯的有节奏的绿色生态走廊

在场地中保留场地西侧的部分曲线铁路,同时利用周度将铁路重新在场地内铺设曲线铁路,在铁路两边种植树木,形成沿着、铁路的绿环。增加了场地绿化率的同时,给铁路带来了新的生机。

重点绿化节点

场地中设计了四处重点绿化节点,其中第一处和第三处在靠近高炉和水塔的位置设置了圆环状广场,广场中设计了少量片墙形成强烈的向心感。使得游客走在此处对首钢历史文脉有更深刻的认识。第二处和第一处围绕铁道修建铁路文化主题公园。

观山观水

下沉广场视线

场地西北方向为石景山南侧为群明湖,有水和山景色宜人,为了人与自然更多的互动,首先在群明湖边设计了亲水桃道,使得有人可在湖面纳凉玩耍,其次在山水间刻留出视觉通廊,站在水边的人一眼可以望到山,同时山也是对石景山的一种致敬。

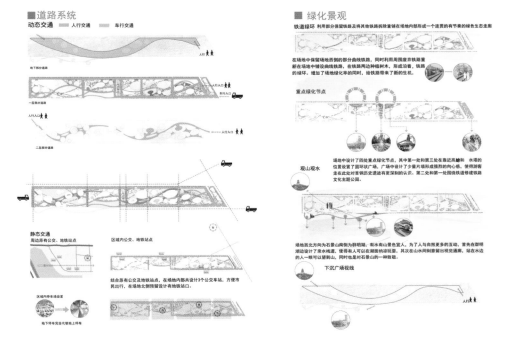

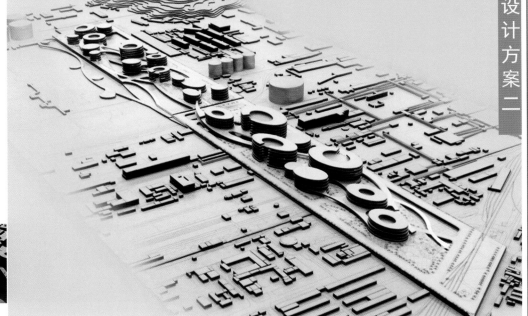

设计方案二

四校联合教学是一种"合与作"的关系，本质上又隐含着各种差异，存在着不同学校和不同老师之间多元的思想内涵，也包含着学生们之间的相互学习、沟通和协调。

联合的目的是发展和提高，是让不同的思想和价值理念相互碰撞，让不同的教学方法相互渗透、不同的技能手段相互结合，这次活动提高我们的建筑设计水平、开发了我们的智力潜能，并且拓宽了视野以及广泛开展了新的教学模式和为我们的学弟、学妹指明了新的发展方向。

愈合工业之殇——首钢工业区更新发展地段城市设计

Curing the Scare of Industry –City Design of the renewal and development of Shougang Industrial Zone

■ 初步方案模型

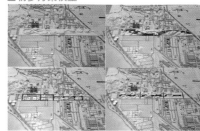

第2周，调研已经结束，我们对这个地块和首钢的地理现状和历史沿革有所了解，虽不算很深入，但都有了对这个设计不同的展开方式。每个小组成员在查阅了一定资料后，提出了自己对这个地块设计的初步想法和思路，并使用各种材料用模型表达出来。在这个阶段，我们对怎样进行"城市设计"提出了许多疑问。

■ 终期济南汇报成果

■ 中期烟台汇报方案

总结：中期在烟台大学的汇报取得了不错的成果，老师们的提问、解答和建议对于方案的挑选和进一步发展有很大影响。师生在功能业态的比例分析、现状与上位规划矛盾时如何选择和城市设计该如何展开学习与教学等问题上进行了讨论，很大程度上提高学习效率和方案推进的效率，分析其他组的方案也使组员们得到了不少收获。

终期在烟台大学的汇报同样取得了不错的成果。老师共同评鉴了四所学校共八组的最终成图且听取了八组成员对本组方案的阐述，在该组方案汇报后，老师提出了体型、功能等各方面的问题，值得同学在之后的学习中继续深入研究。另外此次汇报特别为学生安排了自主交流的时间，四所学校的学生在答辩结束后坐在一起畅谈建筑学学习中遇到的一些问题，受益匪浅。

复苇 RENAISSANCE
——北京市首钢工业园区城市设计 URBAN DESIGN OF BEIJING SHOUGANG INDUSTRIAL PARK

01 设计伊始

首钢遗址

艺术家们

实例研究

开题报告

场地的特殊性使我们在一开始便意识到设计并非从一张一无所有的白纸开始，工业遗产这样自身极富浓厚场所性与历史感的背景使我们激动，对工业遗址园区在保留的基础上进行规划是我们最初十分确定的设计方向，并且将一直贯彻设计的始终。场地丰富独特的空间让我们对这里人们对未来的行为活动充满想象，一直激励着我们完成整个方案。

北京有相当一批艺术家没有固定的工作与创作展示空间，798日益增长的高额租金以及十足的商业气息使得一部分艺术家被迫迁走，而亦庄类似的艺术园区却远离大众生活的区域，我们十分需要一个新的艺术园区来解决这矛盾，首钢工业遗址独特的背景与气氛与这些艺术家们是否有着某种契合？这是我们最初思考的问题。

为了找到艺术家与工业园区之间的联系我们在设计伊始查看了许多实例的资料，包括德国的鲁尔工业区景观公园，意大利都灵工业改造公园，国内的1933老场等，景观公园在很大程度上完整地保留了工业园区中的建筑、构筑物等，但它们在经济上并未带来很大的效益，1933老场房融入了一定程度的商业，其活力相较于单纯的公园改造似乎会高一些（它的规模比较小也可能是原因之一）。我们意识到，只是给艺术家在工业园区里开设工作室是不够的，我们应该发展一条完整的产业链，有助于艺术家从创作到展示再到输出有一个完整的空间。

02 场地认知

 **重建**

恢复

工业遗产 •••••• 不可逆过程 •••••• 新区

管道与周围植物的关系相当密切，可做景观通廊的设计

建筑与烟囱组成天际线使得此处成为视廊设计的一部分

管道与建筑相互连接的方式重新定义了场地的交通模式

管道局部构造能成为场地内部特殊的构筑物形成小景观

圆形构筑物高度三米左右建筑内外部均能形成良好景观

场地内工业建筑尺度围合的公共空间有利于组织广场

保留老建筑并局部改造使其利用的同时留下原来风貌

场地内的建筑组群可结合城市设计要求统一组织与利用

首钢内部大量的管道及构筑物、工业建筑组成整个园区肌理的独特走向，作为这个城市历史的一部分带来了强烈的场所感，肌理的保护对于工业遗址的留存具有重大的意义。此次设计的范围横跨场地主要肌理组成部分，涉及了许多遗留下来的工业建筑，这些建筑虽然没有被列入保护对象，却对整个基地风貌的塑造以及肌理的组成起到非常重要的作用。我们在此次规划前期十分强调对原有肌理的保护与再利用，通过对原有构筑物、管道以及工业建筑的改造及公共空间设计，在保留大部分肌理的情况下，刺激地块活力使其影响整个区域。

03 调研总结

- 我们参观了西十筒仓的改造成果，这使我们对后续的方案设计产生了浓厚的兴趣，也使我们看见了工厂改造蕴含着无限的可能性。在这里并不是在白纸上空无一物的设计，而是已经囊括了众多独特的建筑景观，这些都为我们提供了许多基础与设计创意。工业遗址留给我们的并不仅仅是一些或拆或改的老旧厂房，它给了我们记忆，从过去直到现在。赋予了这个城市以浓烈的历史感，标志着这个城市从过去直至现在的发展与存在。

- 首钢内最为宏大的景观即是工厂旧址内几座宏伟的高炉，这是我们对首钢印象记录的重要元素，是最具特色的代表。

- 高炉与高高低低的烟囱组成了富有变化的天际线，许多角度的景因此而丰富起来，我们用相机记录了多处这种场景。

- 我们在这里逗留时产生了许多幻想：大片的空地与独特的景观使我们想在这里狂欢，聚会，举办节日，开烧烤派对。

- 除了来调研的我们外，这里没有见到任何其他在这里逗留的人，大喊并听见了回声，整个首钢显得无比的寂寥并与世隔绝。

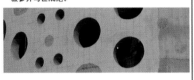

复茸 RENAISSANCE

——北京市首钢工业园区城市设计 URBAN DESIGN OF BEIJING SHOUGANG INDUSTRIAL PARK

01 关键词提取

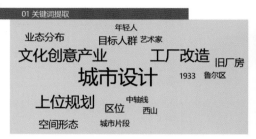

业态分布　目标人群　年轻人　艺术家

文化创意产业　工厂改造　旧厂房

城市设计　1933　鲁尔区

上位规划　区位　中轴线　西山

空间形态　城市片段

小组讨论城市设计中可能会推进方案发展的关键词，进行相关方向资料收集，提取可以发展成主线的线索。

02 上位规划研究

建筑高度分区:

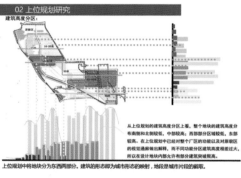

从上位规划的建筑高度分区上看，整个地块的建筑高度分布南侧和北侧较低，中部较高。西部部分区域较低，东部较高。在上位规划中已经对整个厂区的功能区以及对原敏区的视线通廊做出解释。而不同功能却分区建筑高度相差很大，所以在设计地块内部允许有部分建筑突破限高。

上位规划中将地块分为东西两部分。建筑的形态即为城市形态的映射，地段是城市片段的截取。

03 首钢调研总结

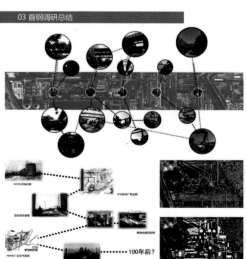

100年后?

04 一草模型推演

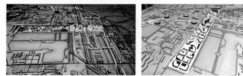

05 二草模型推演

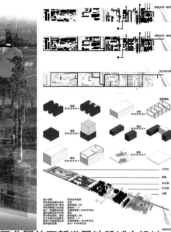

北京市首钢工业区的更新发展地段城市设计

调研过后，组内整理分析调研成果，各自独立进行方案设计。第一周进行西区场地内的快题设计。快题设计能够使得对于场地、上位规划等条件的理解更加充分，且独立设计能够让所有人的头脑中的城市空间形态完整呈现，有助于日后的讨论和深化。经过课程讲评，同学们对于城市尺度、城市三维空间设计等概念有了更加具体的认识，由此开始确立二草设计。二草的成果为模型，这能够更加直观地反映城市空间形态。组内5人有不同的切入点：1、从保护工业遗产的角度出发，保留场地内大部分建筑物和构筑物并加以改造。2、将城市段视为城市空间的镜子，分段反映场地特点。3、从城市景观大环境的角度考虑水景、山景、城市景观廊的设计。4、以同一要素串联场地的东西段，形成场地的整体意向。5、以城市功能的角度出发，赋予建筑不同形态，从而自然形成城市外部空间。经过讨论，发现城市设计包罗万象，以上的5种出发点并不矛盾，反而可以整合出新的方案。最终选定的方案以工业遗产保护作为城市空间形态设计的主要出发点来开始设计，选择原因主要是切入点对于城市形态的影响力以及控制力。共同确定了方案大方向，组内所有组员共同开始进行深化设计，准备中期答辩。

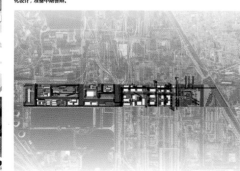

复茸 RENAISSANCE

——北京市首钢工业园区城市设计 URBAN DESIGN OF BEIJING SHOUGANG INDUSTRIAL PARK

北方四校联合城市设计——首钢主题 2015

01对场地现状的分析

厂区内原有道路大多横穿基地,割裂地块。

铁路同样是首钢厂区的工业遗产,值得开发利用。

运输管道为首钢厂区一大特色,值得保留并加以利用。

首钢厂区内绿地的覆盖程度。

首钢厂区内由工业遗产组成的类似于电路板一样的肌理。

02提出保留工业遗产的方案

竖向肌理横穿地块,一旦全部拆除必然会破坏原有的肌理,所以,要对地块内工业遗产进行保留。

现状:

拆除后:

改造后:

改造前后肌理的变化。

场地内工业景观的联系。

03业态分析

上海创意产业园区业态特点概况

上海1933老场坊

国内一些创意产业园区业态的特点概况。

	西区	东区
总用地面积	104989平方米	59236平方米
总建筑面积	89240平方米	106624平方米
容积率	0.85	1.8
建筑密度	32%	29%
平均层数	2.5	6
艺术家工作室	30%	0%
画廊展示	20%	10%
设计	10%	30%
餐饮休闲	20%	25%
创意店铺	15%	15%
广告媒体	5%	20%

对于该地块业态的分析。

04场地分析

人行路线
车行路线
管道
交通节点
慢速节点
廊道

主入口3

主入口2

主入口1

建筑高度
>2m
<2m

05中期成果模型照片

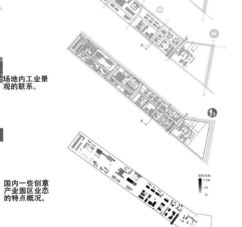

06中期成果基于模型的分析

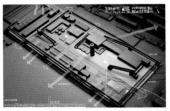

07中期成果总平

以最大化保留工业遗产为前提,将场地内一部分原有的厂房拆除后,把剩下的厂房进行改造,并且保留场地内的管道,加以修缮,重新利用为观景走廊,西区则为低密度的创意产业园区,保留了大部分的建筑,东区为高密度开发区,作为孵化器使用。

08 烟台中期汇报实况

汇报结果:将工业遗产保留是最理想化的结果,同时可以充分发挥首钢的特色,但高密度开发区一部分建筑进深无法满足使用要求,需要修改。
下一步的任务:
(1)提出保留的原则,改造原则和新建的原则;
(2)更改高密度开发区建筑物的进深;
(3)细化对公共空间的处理。

复茸 RENAISSANCE
——北京市首钢工业园区城市设计 URBAN DESIGN OF BEIJING SHOUGANG INDUSTRIAL PARK

01 关于整体规划

● 管道空间设计

丰富管道的行走路径，使场地内各个建筑相互连通，强化场地的整体性，更是把人的活动范围扩大，增加趣味性。

● 空间场景推敲

● 整体空间考量

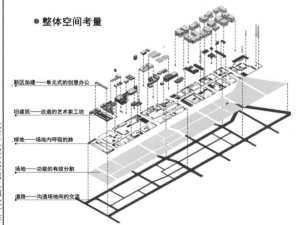

新区加建——单元式的创意办公

旧建筑——改造的艺术家工坊

绿地——场地内呼吸的肺

场地——功能的有效分割

道路——沟通场地间的交流

02 关于旧建筑改造

● 西区作为艺术家工作坊的集中区域，立面风格主要以体现首钢厂区原有风格为主，打造工业氛围浓郁的自由创作环境。立面材质方面主要包括粘黏砖、清水混凝土、钢材、玻璃、穿孔铜板等，这些材质都能够体现出正宗的工业氛围。门窗洞口的改造基于原有厂区的结构框架，作出宜人尺度的调整。对于部分厂房的改造，进行了结构保留，使之成为公共活动场地中活跃气氛的元素，成为人们游憩的场所。

● 对于厂房和架空管道的连接部分采用了三种处理方法，第一种是外加连接结构，创造宜人的过渡空间；第二种是直接连接，连接的部分在建筑室内自动成为开阔的公共空间；第三种是在连接处作减法处理，将连接部分作为灰空间。更好地过渡室内外空间。对于建筑和公共空间的处理主要有三种手法，第一种是建筑直接围合形成小型的院落空间，近人尺度；第二种是在距离较近的厂房之间添加灰空间作为公共空间；第三种是对于建筑周边的场地做高差处理，通过场地竖向设计形成领域感。

● 中区作为文化娱乐活动的集中交流区主要以大型公共建筑为主，场地内原有工厂较少，所以主要以新建的大型公建为主。主要以钢架构搭配张拉膜为主，这样对厂地的破坏较小，结构轻能够满足大空间的需求。白色的张拉膜位于以砖红色灰色为主的区域也较为明显能够成为主要的标志物。场地设计方面以较小的主题广场公园为主，场地和建筑自由沟通，参观游玩的人们能够在场地中游走，体验首钢的沧桑历史和创意活力。

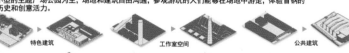

特色建筑   工作室空间   公共建筑

画室空间   建筑庭院   建筑庭院

● 模型制作

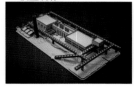  

03 关于生态建筑

生态化建筑是当下时代建筑发展创新的必然趋势，生态表皮、海绵城市、屋顶绿化等方面的探索在已建成的项目中都得到了很大的体现，且具有一定的实际意义。此次设计希望在生态方面与厂房和新建建筑联系；雨水收集能够缓解用水压力；屋顶绿化能够增加绿化面积且提供更好的人居环境。

● 雨水收集系统

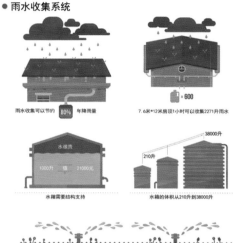

雨水收集可以节约 80% 年降雨量

7.6米*12米房屋1小时可以收集2271升雨水

水模块需要结构支持

水箱的体积从210升到38000升

收集水主要用于植物灌溉 40%

● 屋顶绿化种植过程

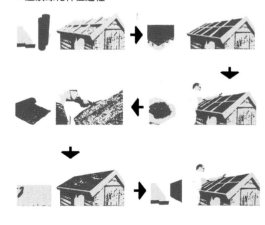

复茸 RENAISSANCE
——北京市首钢工业园区城市设计 URBAN DESIGN OF BEIJING SHOUGANG INDUSTRIAL PARK

V 济南最终答辩

01 最终成果

● 总平面图

● 经济技术指标

经济技术指标	
西区	
总用地面积	104989m²
总建筑面积	94490m²
容积率	0.90
建筑密度	36%
绿地率	25%
平均层数	2.5
艺术家工作室	30%
画廊展示	20%
设计	10%
餐饮休闲	20%
创意店铺	15%
广告媒体	5%
东区	
总用地面积	59236m²
总建筑面积	118472m²
容积率	2.0
建筑密度	33%
绿地率	30%
平均层数	6
画廊展示	10%
设计	30%
餐饮休闲	25%
创意店铺	15%
广告媒体	20%
地面停车位	270个
地下停车位	1900个
地下建筑面积	66500m²

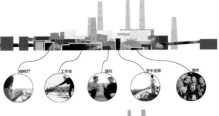

● 艺术家
在计划保留较多老建筑的区域留给了艺术家们，北京的许多艺术家很难支付工作室高昂的租金，对于首钢规划初期这些类似工坊的建筑将提供价格适中的空间使艺术家能够长期进驻。

● 所有人
艺术家所在的旧工厂区域与开发强度比较大的新区之间有一片过渡的区域，这片场地上遗留下了一些尺度比较大的建筑，很好地完成了新旧交接时过渡的功能，形成许多公共开放空间。

● 从业者
在开发强度较大的新区我们设想了一种孵化器的商业模式，这种模式使得新区的建筑组群形成它们自己的空间形式，一些类似"鸟巢"的小办公场所，这很大程度上促进了人员的流动。

● 鸟瞰图

● 轴测分析

● 效果图

02 答辩现场

● 终期汇报现场

2015年11月20日，我们从北京出发去济南，去参加将要在山东建筑大学举办的四校联合设计的终期答辩，11月21日上午8点钟，我们在大雾中到达了山东建筑大学的图书馆，终期汇报正式开始。会场中四周墙面挂满了各个学校小组最终的成果，来参加答辩的不仅有参加四校联合设计的各校学生，也有山建大建筑学院其他年级的学生，虽然天气阴郁，但现场氛围热烈。上午进行六个组的答辩，下午进行了两个组的答辩，答辩过后，一些老师前往聊城参加会议，学生则继续在会场中就许多建筑学相关问题进行了热烈的讨论，答辩圆满结束。

● 终期汇报

现场其他院校同学参观我校图纸

我校建筑与艺术学院院长贾东教授做出点评

整体场地模型的展示

各学校老师认真听同学答辩

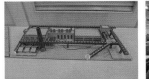

局部大比例模型（老厂房重点改造）展示

答辩开始前的我校同学

周雨晨

这次设计课题是我们第一次接触城市设计,特殊的场地环境更促进我们对城市设计各方面的思考。设计之初,在我们针对首钢进行调研时,工业遗址的风貌给人带来很大的震撼力,拓宽我们对未来城市景观的想象。将工业风貌保留下来并继续下去,在城市里将会出现怎样一种有趣的意象?城市中,尤其是老城中,有太多极具历史感的场所,有太多我们无法割舍的东西。它们可能无法满足当下生活所需,也可能与我们现在以及未来想要的相互冲突,但是我们始终无法丢弃它们。为什么我们无法丢弃?我们又如何使这些"老去的地方"再次适应我们现在的生活?设计中我们不断思考这些矛盾,方案到了最后,我们似乎仍旧没有找到最正确的办法,但是这个课题却给了我们一个思考的开始,也许这才是最重要的。

张雅琪

城市设计是一个开端。接触城市设计,便意味着从这一刻起,认识与理解建筑的眼光不再拘泥于建筑本体,而能够从区域、城市的整体角度宏观地理解人居环境这一课题。结合当下京津冀区域规划发展的大趋势来看,培养种从宏观到微观的思维体系是十分必要的。城市设计的逻辑体系能够帮助城市规划、风景园林、建筑学这三个研究对象不同、设计规模不同的人居环境相关专业更好地融合,让城市更美好。也许,实现物质层面的"大同",就是实现"礼运大同"的起点吧。

赵骄阳

四校联合设计参与人员包含了擅长各领域研究的老师和优秀的同学,参与此次活动对于我们建筑学专业的学生来说,既是机遇又是挑战。在联合设计的过程中自己的专业素养得到了很大的提高,团队合作能力增强,同时收获了丰厚的友谊。人往高处走,水往低处流,谨以谦虚的态度在以后的学习中"为天地立心,为生民立命,为往圣继绝学,为万世开太平"。

赵岩

城市设计本是大四的第一个设计,也是与以往建筑设计最为不同的一次设计,是以城市作为研究对象的设计工作,介于城市规划、景观建筑与建筑设计之间的一种设计,相对于城市规划的抽象性和数据化,城市设计更具有具体性和图形化。通过四校联合设计,我在和其他同学在相同的学习时间内学到了更多关于城市设计的知识,通过四个学校间的交流,不仅认识了其他学校同学,也通过与他们的交流中,了解了他们学习的方式,相互探讨了专业相关的问题,短短10周时间,获益匪浅。

瞿钰

这是一个不可多得的好机会,在校内让我们在学习城市设计的同时也学会了如何与他人合作,在学校与学校之间,让我们在专业课上相互交流的同时也获得了难得一周的挚友。在进行这个活动的过程中,虽然经历了很多心酸和汗水,但更多的是我们收获了知识和培养了战胜困难的勇气。因为四校联合,我们可以去其他城市的其他兄弟院校参观学习,认识更多的朋友,让我们短暂的10周变得丰富而有意义。

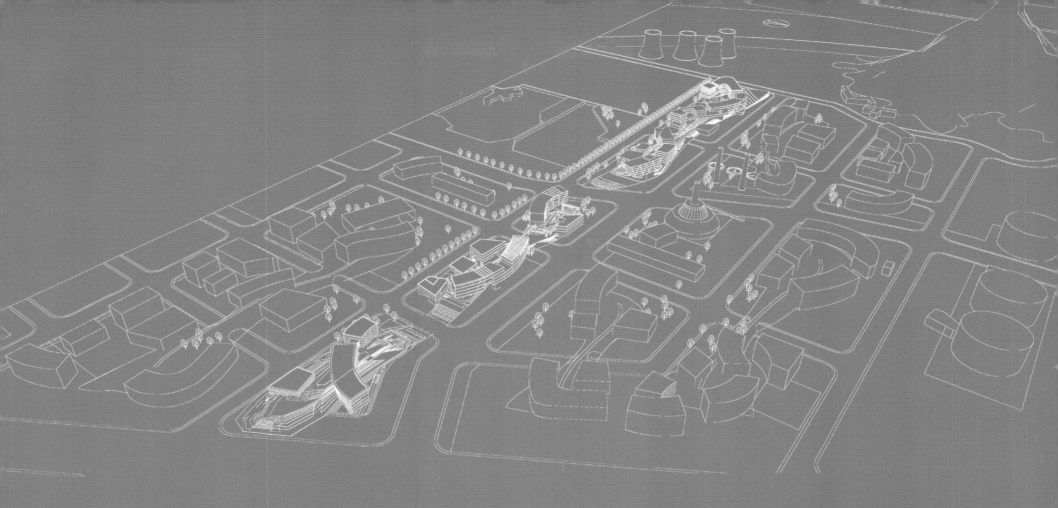

山东建筑大学
Shandong Jianzhu University

设计成果
Design & Achievements

山东建筑大学第一组：
组员：李泊衡、沈琦、吴新超、郭道夷
指导教师：张克强、高晓明

山东建筑大学第二组：
组员：王慧文、姜娜、李鹿鸣、林凌云
指导教师：张克强、高晓明

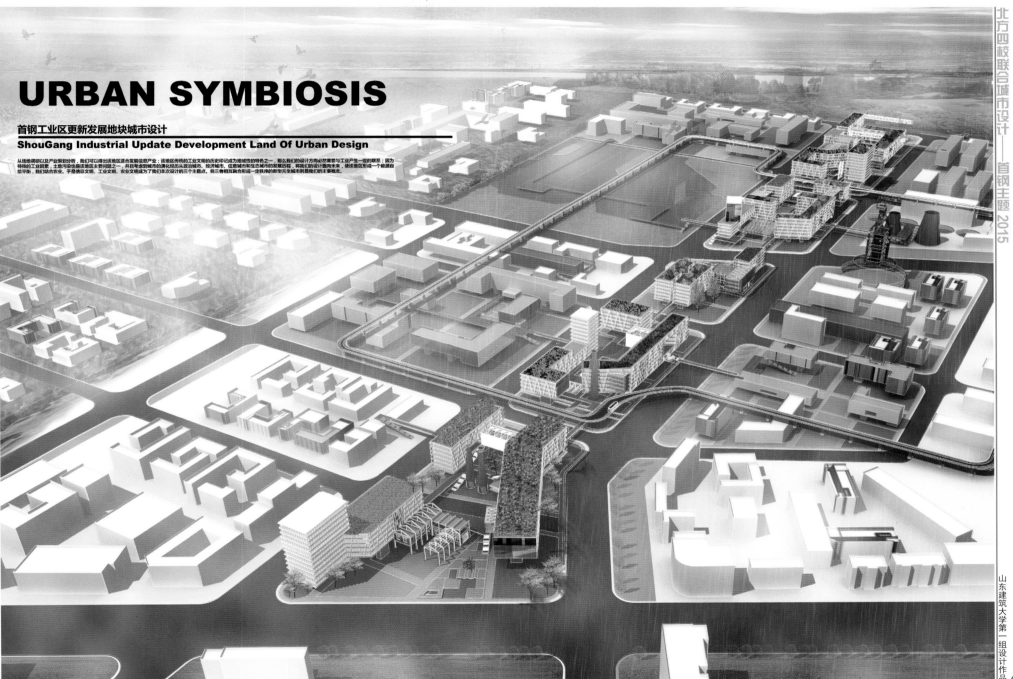

URBAN SYMBIOSIS

首钢工业区更新发展地块城市设计
ShouGang Industrial Update Development Land Of Urban Design

从场地调研以及产业版划分析，我们可以得出该地区适合发展信息产业；该地区传统的工业文明的历史印记成为地域性的特色之一，那么我们的设计方向必然需要与工业产生一定的联系；因为特殊的工业因素，土地污染也是该地区主要问题之一，并且考虑到城市的演化经历从政治城市，经济城市，信息城市和生态城市的发展历程，将我们的设计面向未来，使该地区形成一个能源自给平衡，我们结合农业，于是信息文明、工业文明、农业文明成为了我们本次设计的三个主题点。将三者相互融合形成一定秩序的新型共生城市则是我们的主要概念。

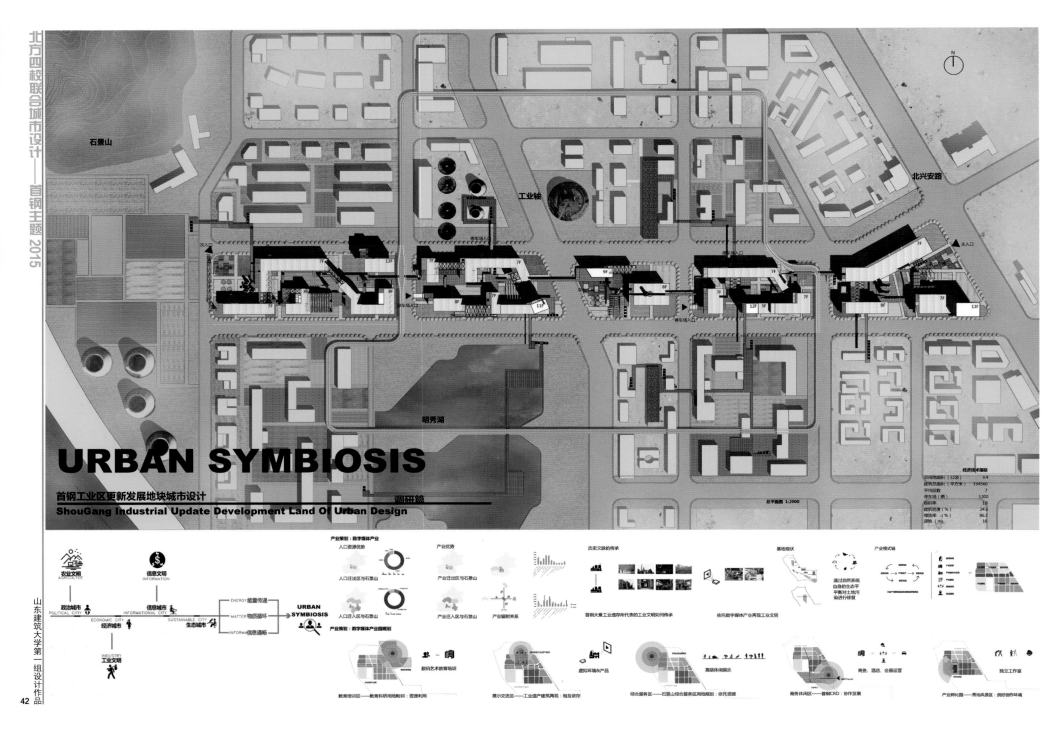

URBAN SYMBIOSIS

首钢工业区更新发展地块城市设计 　　　　　　　　　　　　　　　　　调研篇
ShouGang Industrial Update Development Land Of Urban Design

结构定位分析

原有工业轴对各城市功能区均有辐射作用

各城市功能区核心连线与工业轴基本吻合

考虑大型保留建筑方向性

综合各种因素，提出变形工业轴作为整个首钢建设的引导轴线

根据景观节点提出其他发展方向引导的可能性

根据城市主次干道分析整个区域与城市衔接的主要入口（节点）

考虑首钢区域与协同发展区的辐射关系

绿上因素，提出首钢工业区的次轴引导发展

首钢作为一个空白发展节点位于北京市重要轴线——长安街轴上

此次设计地段定位为该功能区的发展轴线，其内部有自己的发展核心

由内部的核心向外辐射，衔接其他次核心

次核心继续向外辐射，在整个区域内形成联系密切的网络

URBAN SYMBIOSIS

首钢工业区更新发展地块城市设计　　　　　　概念篇
ShouGang Industrial Update Development Land Of Urban Design

概念切入

基地现状分析

设计地段的空间与实体相结合

设计地段的肌理过于杂乱

设计地段的工业建筑遗产丰富、建筑保存完整

策略

以轴线贯穿场地的节点，组织结构形成空间秩序

保留轴线两边有价值的工业建筑进行功能置换，增加活力

基地现状分析

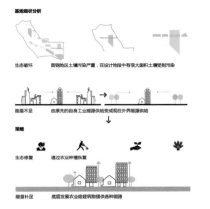

生态破坏　首钢地区土壤污染严重，在设计地段中有很大面积土壤受到污染

能量不足　由原先的自身工业能源供给变成现在外界能源供给

策略

生态修复　通过农业种植修复

能量补足　底层发展农业种植植物提供各种能源

概念提出三个文明混合

模式一　水平联系

模式二　垂直联系

比较得出垂直联系更能体现概念

功能脱离

生态断裂

活动缺失

功能联系紧密

生态连续

活动丰富

概念推进

不满足上位规划

屋顶种植面积小

新建筑与工业建筑联系弱

新建筑与新建筑之间联系弱

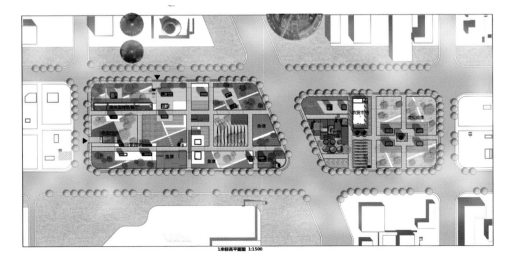

1米标高平面图 1:1500

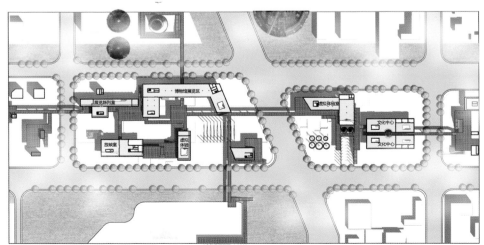

8米标高平面图 1:1500

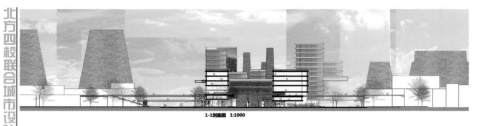

1-1剖面图 1:1000

2-2剖面图 1:1000

3-3剖面图 1:1000

4-4剖面图 1:1000

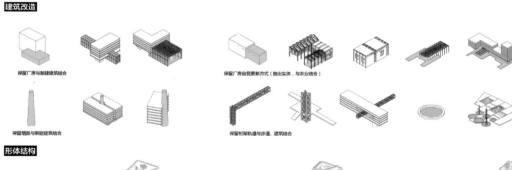

5-5剖面图 1:1000

URBAN SYMBIOSIS

形体篇　　首钢工业区更新发展地块城市设计
ShouGang Industrial Update Development Land Of Urban Design

建筑改造

形体结构

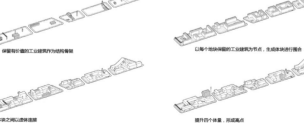

北方四校联合城市设计——首钢主题 2015

山东建筑大学第一组设计作品

URBAN SYMBIOSIS

功能篇　　　　　首钢工业区更新发展地块城市设计

ShouGang Industrial Update Development Land Of Urban Design

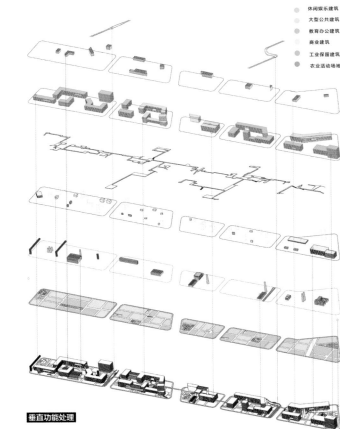

- 休闲娱乐建筑
- 大型公共建筑
- 教育办公建筑
- 商业建筑
- 工业保留建筑
- 农业活动场地

垂直功能处理

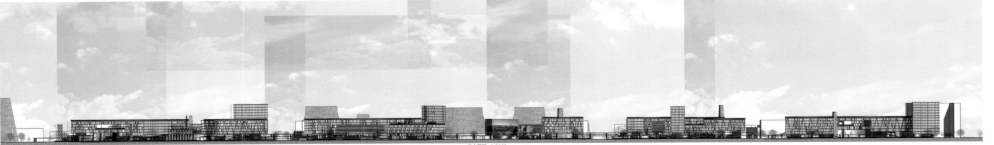

南立面图　1:2000

URBAN SYMBIOSIS

首钢工业区更新发展地块城市设计

ShouGang Industrial Update Development Land Of Urban Design 交通能源篇

交通分析

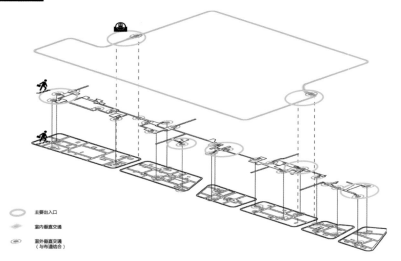

主要出入口
室内垂直交通
室外垂直交通
（与街道结合）

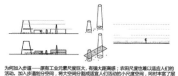

为何加入步道——原有工业元素尺度巨大，有强大距离感；农田尺度也难以适应人们的活动。加入步道划分空间，将大空间分割成适宜人们活动的小尺度空间，同时丰富了层次

为何植入新型交通方式——考虑到文化创意产业园交通规模，日常公共交通方式在时间、费用、自由度上均不合适，故提出一种新型代步方式，满足人们小规模交通需求

人流 车流只主要涌入方向（与城市街接口，与工业轴交点，遗址公园主入口）确定整个地带主入口

步道层次主要流线及向周围区域的辐射性

步道层次与建筑主要衔接处

农田层次主要交通——向周围区域辐射

主要交通流线以及地下停车场入口

轨道层次的辐射性

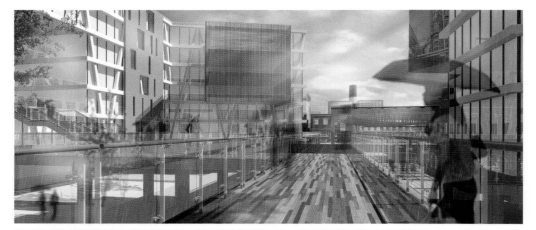

能源分析

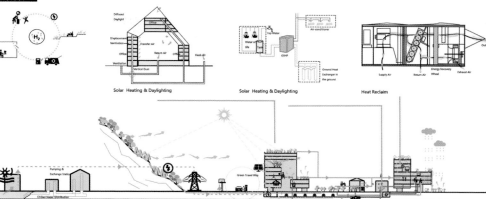

Solar Heating & Daylighting

Solar Heating & Daylighting

Heat Reclaim

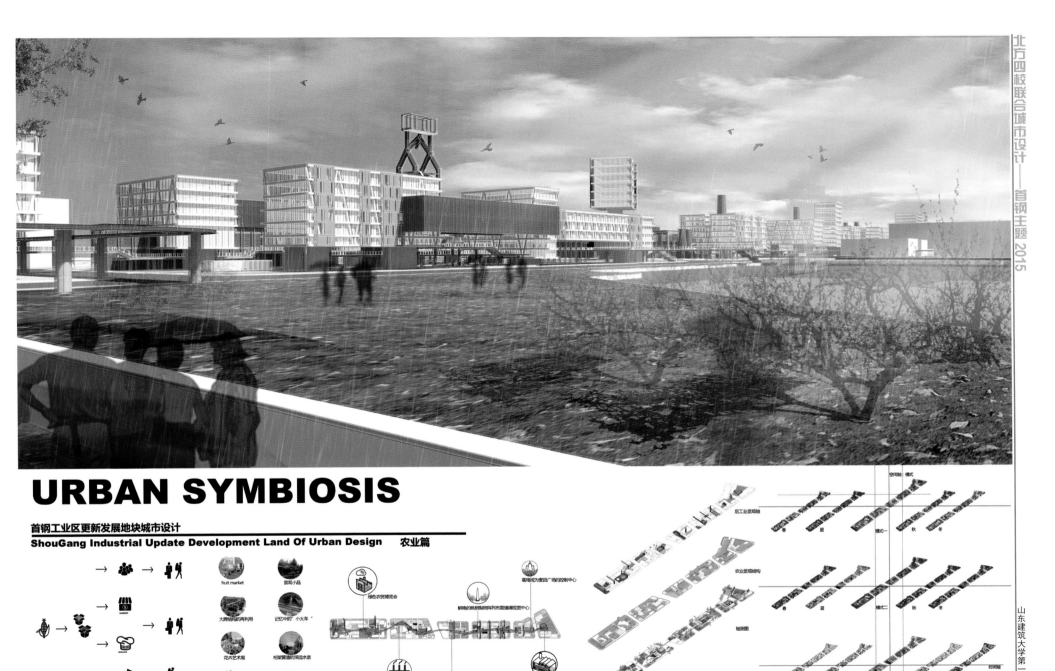

URBAN SYMBIOSIS

首钢工业区更新发展地块城市设计

ShouGang Industrial Update Development Land Of Urban Design　农业篇

首钢工业区城市设计   01

Design Of Shougang Industrial Center——insight for the future of ecology and space

对生态环境和城市空间的追溯与重塑

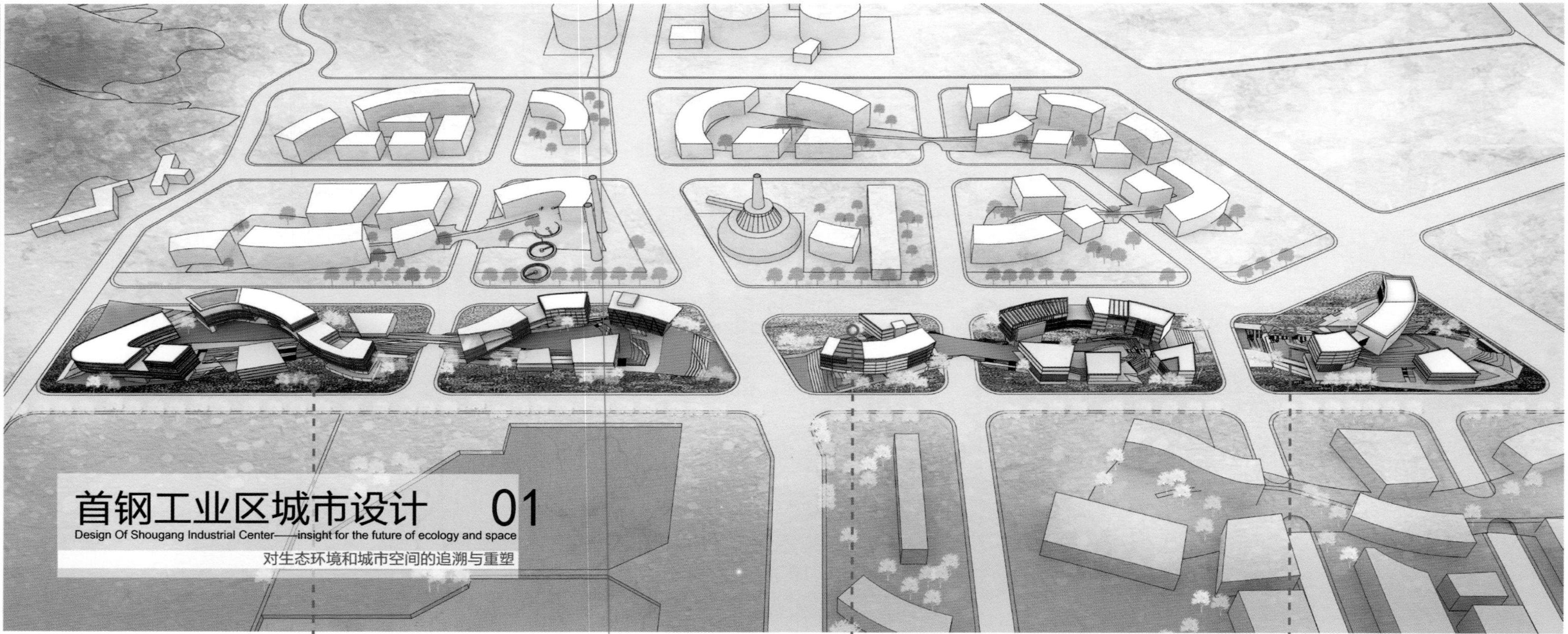

南立面图 1:2000

首钢工业区城市设计   02
Design Of Shougang Industrial Center——insight for the future of ecology and space
对生态环境和城市空间的追溯与重塑

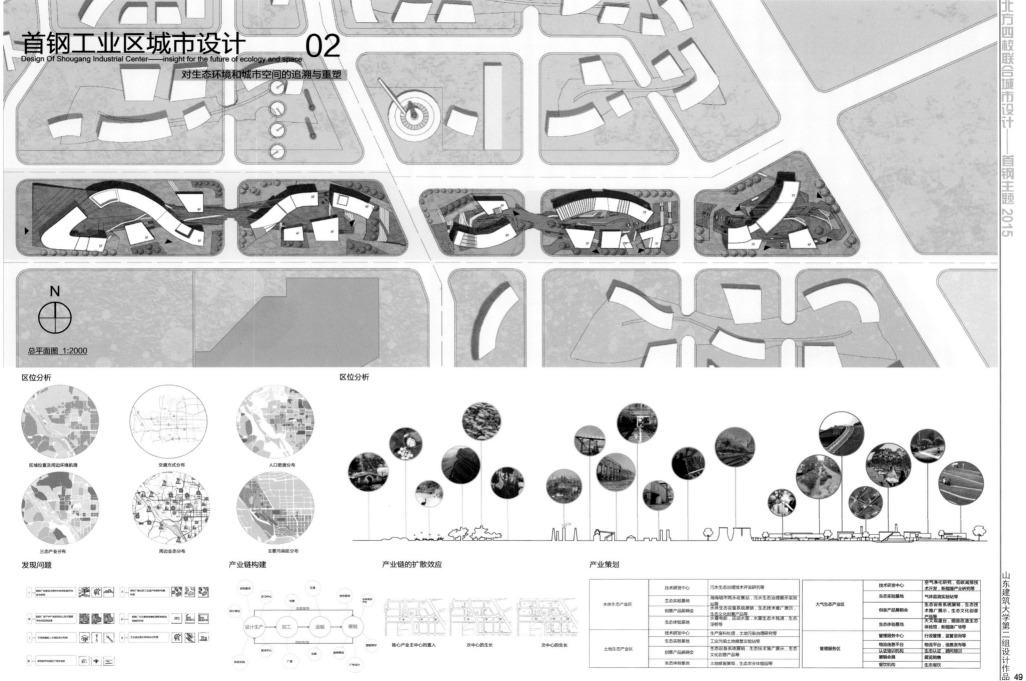

N

总平面图 1:2000

区位分析

区域位置及周边环境肌理   交通方式分布   人口密度分布

三态产业分布   周边业态分布   主要污染区分布

区位分析

发现问题

产业链构建

设计生产 → 加工 → 运输 → 展销

产业链的扩散效应

核心产业主中心的置入   次中心的生长   次中心的生长

产业策划

水体生态产业区	技术研发中心	污水生态治理技术开发研究等
	生态实验基地	海绵城市雨水收集站，污水生态治理展示实验站等
	创意产品展销会	水体生态设备系统展销，生态技术推广展示，生态文化创意产品等
	生态体验基地	水系电影，运动水园，水重生态木栈道，生态浮桥等
土地生态产业区	技术研发中心	生产废料处理，土地污染治理研究等
	生态实验基地	工业污染土地修复实验站等
	创意产品展销会	生态园首展销，生态技术推广展示，生态文化创意产品等
	生态体验基地	土地修复展，生态农业体验园等

大气生态产业区	技术研发中心	空气净化研究，低碳减排技术开发，新能源产业研究等
	生态实验基地	气体监测实验站等
	创意产品展销会	生态设备系统展销，生态技术推广展示，生态文化创意产品等
	生态体验基地	天文观星台，烟囱改造生态体验馆，新能源广场等
管理服务区	管理服务中心	行政管理，监管咨询等
	物流信息平台	物流平台，信息发布等
	认证培训机构	生态认证，顾问培训
	展销会展	展销售
	餐饮机构	生态餐饮

首钢工业区城市设计 03
Design Of Shougang Industrial Center——insight for the future of ecology and space

对生态环境和城市空间的追溯与重塑

复合城市形态的概念

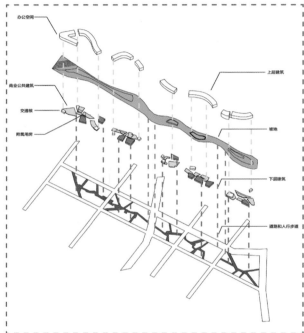

办公空间
上层建筑
商业公共建筑
坡地
交通枢
下层建筑
附属用房
道路和人行步道

经济技术指标

总用地面积（公顷）	15.4	容积率	1.2
建筑总面积（平方米）	183250	建筑密度（%）	26.5
平均层数（层）	4	绿地率（%）	56.3
停车位（辆）	1500	退距（m）	15

基地内的景观节点分析

片区内既有工业景观节点的辐射范围

基地与外围景观"看"的关系

基地内景观节点"被看"的关系

坡地升起的意向

1、人车分行的道路交通体系

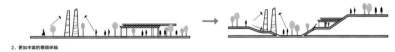
2、更加丰富的景观体验

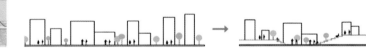
3、更加丰富的空间场所

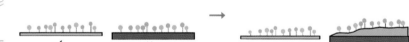

4、土壤污染的修复

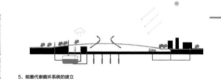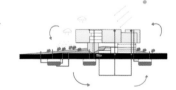
5、能量代谢循环系统的建立

形体发展过程

基地的整体抬升

由景观限定引出的虚实关系

节点轮廓的柔化和人行步道的形成

主体建筑的置入

附属建筑的围和

建筑形体的虚实变化

周围片区的共同发展

首钢工业区城市设计　04

Design Of Shougang Industrial Center——insight for the future of ecology and space

对生态环境和城市空间的追溯与重塑

建筑形体推敲

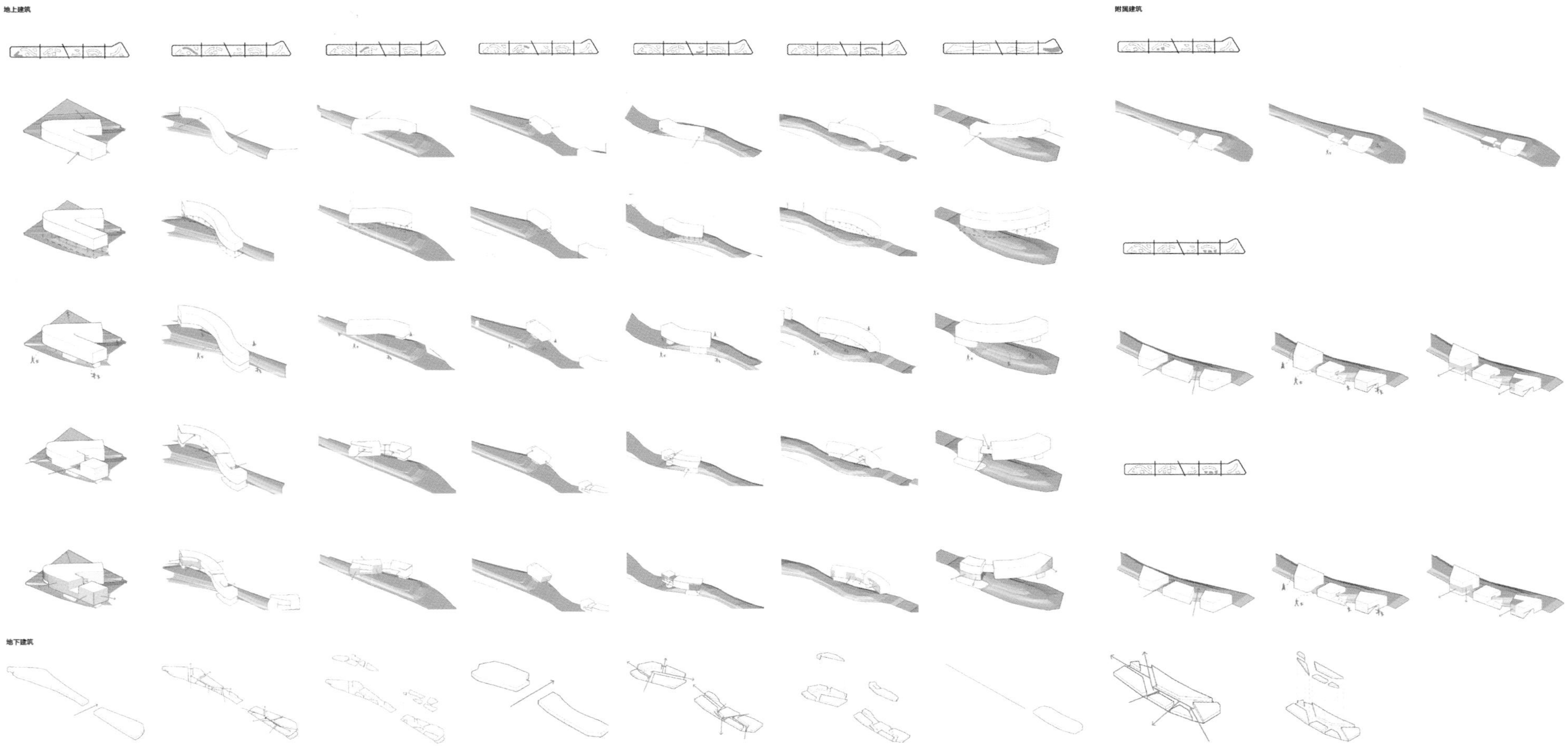

地上建筑

附属建筑

地下建筑

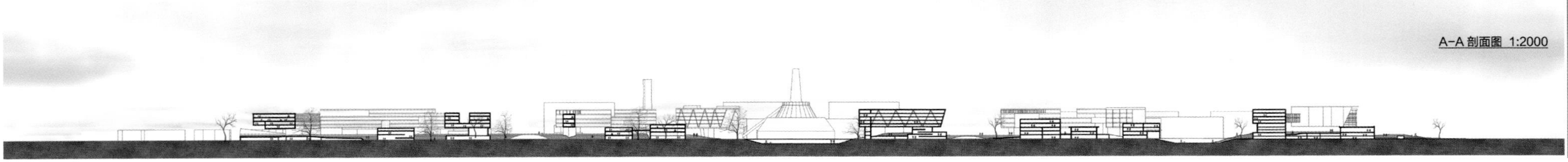

A-A 剖面图　1:2000

首钢工业区城市设计 05

Design Of Shougang Industrial Center——insight for the future of ecology and space

对生态环境和城市空间的追溯与重塑

生态设施的置入

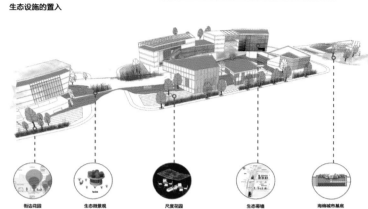

街边花园　　生态微景观　　尺度花园　　生态幕墙　　海绵城市基底

功能流线时间表

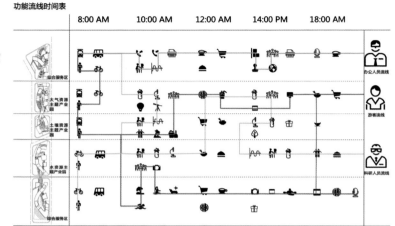

	8:00 AM	10:00 AM	12:00 AM	14:00 PM	18:00 PM

复合交通系统

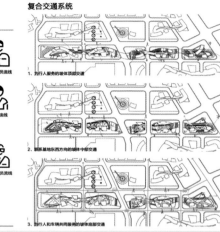

1、为行人服务的破体顶部交通

2、铜系基地东西方向的破体中部交通

3、为行人和车辆共同服务的破体底部交通

二层平面图 1:2000

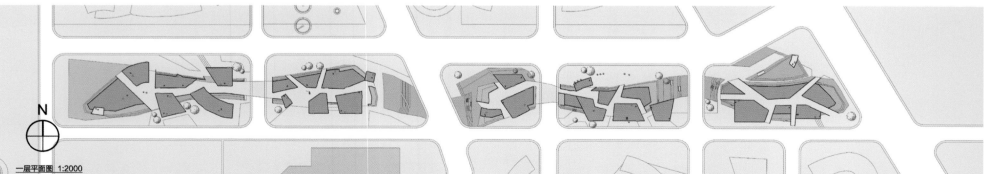

N

一层平面图 1:2000

首钢工业区城市设计

Design Of Shougang Industrial Center——insight for the future of ecology and space

对生态环境和城市空间的追溯与重塑

节点局部分析

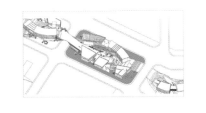

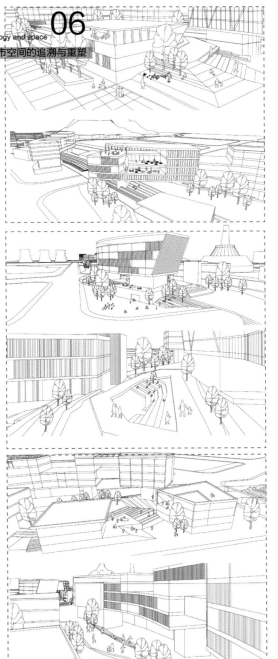

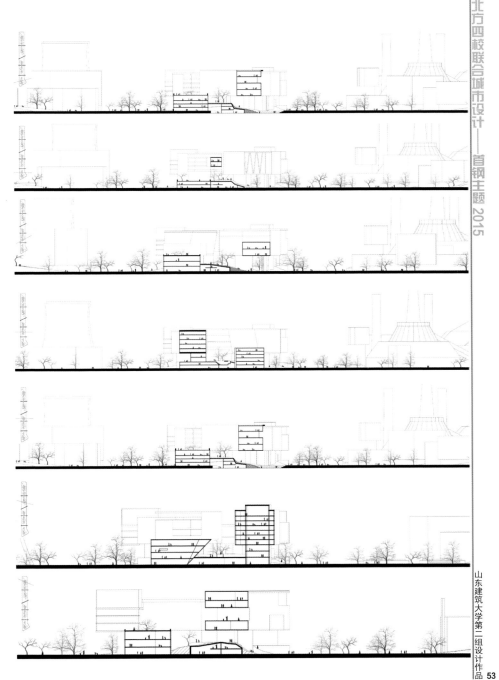

北方四校联合城市设计——首钢主题 2015

山东建筑大学第二组设计作品

过程与感想
Process & Feelings

首钢工业区城市设计——调研篇

Design Of Shougang Industrial Center——insight for the future of ecology and space

对生态环境和城市空间的追溯与重塑

基地调研—北京

1919年，首钢建厂，随着北京的发展，首钢经历了两次扩厂，增加到如今的规模。对北京而言，首钢有独特的价值与地位。随着北京的发展，首钢的高污染性质的重工业不再适合，迁厂后的首钢荒废待重新利用。想了解首钢的特性，必须从了解北京开始。北京，世界上严重缺水的城市之一，此外北京土地资源有限。北京虽有钢铁和石油化工产业，但缺乏原料，且原料运输基本依靠铁路。北京教育产业发达，同时是面向世界的商务办公与行政总部。

   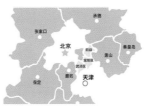

京津翼—北京市

1956—1958年间，将河北省昌平、良乡、房山、大兴、通县、顺义、平谷、密云、怀柔、延庆等县划归北京市，形成今天的北京市行政区域

北京—石景山区

解放后，北京市区划几经调整，1958年，南苑区，石景山区大都并入丰台区。1963年，石景山区从丰台区分出成立石景山办事处，1967年建为石景山区。

石景山—首钢工业区

首钢始建于1919年，2005年2月国务院批复了首钢搬迁调整方案，结合唐山地区钢铁工业结构调整，在河北曹妃甸建设新的钢铁生产基地

优势与挑战

北京拥有得天独厚的地理位置优势，其处于东北亚经济圈中心地带，是我国经济由东向西扩散，由南向北推移的重要枢纽。在京津翼一体化发展战略下，资源可得到最大化利用。
北京在第三产业迅速发展的契机之下，如何引导交通，置换功能以及实现人口牵引？这是一个巨大的挑战

基地调研—首钢

区位分析

区域位置及周边环境肌理

交通方式分布

人口密度分布

第一、第二、第三产业的分布

周边业态分布

主要污染区分布

生态环境发展情况时间轴

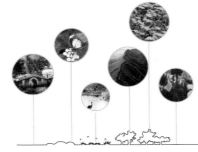 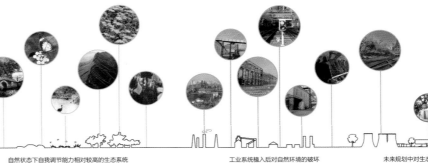 

自然状态下自我调节能力相对较高的生态系统

工业系统植入后对自然环境的破坏

未来规划中对生态文明与工业文明的重新探索

发现问题

产业链构建

产业链的扩散效应

核心产业主中心的置入   次中心的生长   各层级中心的相互联系

产业策划

水体生态产业区	技术研发中心	污水生态治理技术开发研究等	大气生态产业区	技术研发中心	空气净化研究，低碳减排技术开发，新能源产业研究等
	生态实验基地	海绵城市雨水收集站，污水生态治理展示实验处理		生态实验基地	气体监测实验站等
	创意产品展销会	水体生态设备系统展销，生态技术推广展示，生态文化创意产品等		创意产品展销会	生态设备系统展销，生态技术推广展示，生态文化创意产品等
	生态体验基地	水景电影，运动水图，水面生态水栈道，生态浮桥等		生态体验基地	天文观星台，信息资询等
土地生态产业区	技术研发中心	工业污染土地修复研究等	管理服务区	管理服务中心	行政管理，监管咨询等
	生态实验基地	土地污染土地修复实验站等		物流平台	物流信息平台，信息咨询等
	创意产品展销会	生态设备系统展销，生态技术推广展示，生态文化创意产品等		认证培训机构	生态认证，顾问咨询等
	生态体验基地	土地修复景观，生态农业体验园等		展销会馆	展览销售等
				餐饮机构	生态餐饮

首钢工业区城市设计——理论与亮点

Design Of Shougang Industrial Center——insight for the future of ecology and space

对生态环境和城市空间的追溯与重塑

生态城市概念

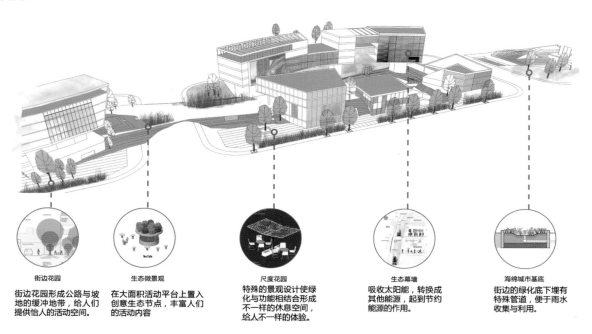

复合城市形态的概念

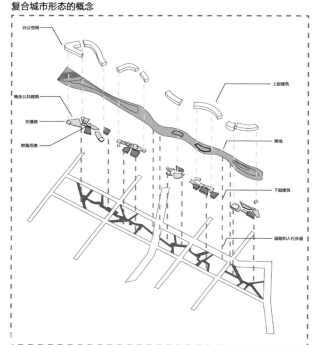

办公空间

商业公共建筑

交通核

附属用房

上层建筑

坡地

下层建筑

道路和人行步道

街边花园
街边花园形成公路与坡地的缓冲地带，给人们提供怡人的活动空间。

生态微景观
在大面积活动平台上置入创意生态节点，丰富人们的活动内容

尺度花园
特殊的景观设计使绿化与功能相结合形成不一样的休息空间，给人不一样的体验。

生态幕墙
吸收太阳能，转换成其他能源，起到节约能源的作用。

海绵城市基底
街边的绿化底下埋有特殊管道，便于雨水收集与利用。

1. 人车分行的道路交通体系

2. 更加丰富的景观体验

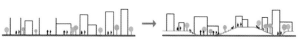

3. 更加丰富的空间场所

4. 土壤污染的修复

5. 能量代谢循环系统的建立

复合交通系统

1.为行人服务的坡体顶部交通

2.联系基地东西方向的坡体中部交通

3.为行人和车辆共同服务的坡体底部交通

✓   ✗

首钢工业区城市设计——方案生成过程篇

Design Of Shougang Industrial Center——insight for the future of ecology and space

对生态环境和城市空间的追溯与重塑

形体发展过程

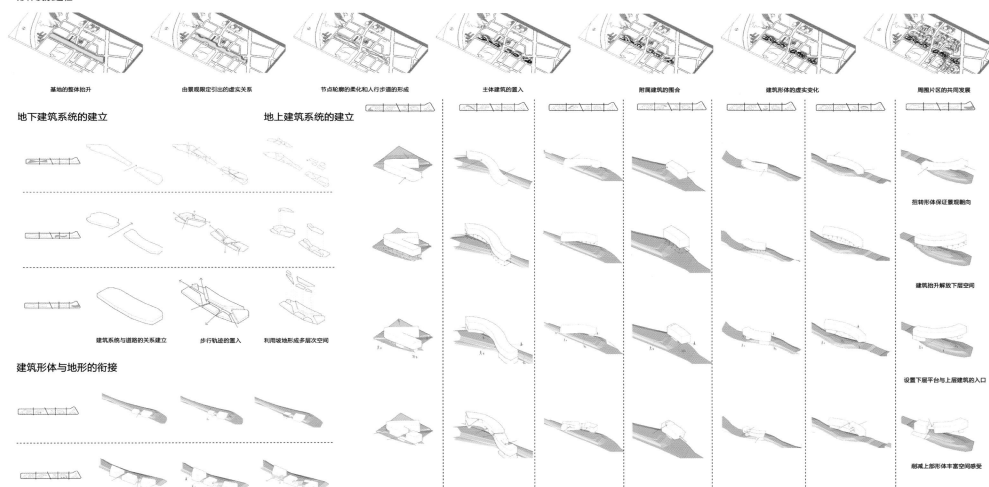

基地的整体抬升　　由景观限定引出的虚实关系　　节点轮廓的柔化和人行步道的形成　　主体建筑的置入　　附属建筑的围合　　建筑形体的虚实变化　　周围片区的共同发展

地下建筑系统的建立　　　　　　　　地上建筑系统的建立

建筑系统与道路的关系建立　　步行轨迹的置入　　利用坡地形成多层次空间

建筑形体与地形的衔接

根据景观关系划分建筑体量　　确定入口关系　　确定虚实关系

扭转形体保证景观朝向

建筑抬升解放下层空间

设置下层平台与上层建筑的入口

削减上部形体丰富空间感受

设置材料对比形成虚实关系

首钢工业区城市设计——趣味篇

Design Of Shougang Industrial Center——insight for the future of ecology and space

对生态环境和城市空间的追溯与重塑

方案设计过程篇

方案设计过程中，小组内部有过矛盾，有过争吵，但是更多的是四个人互相的鼓励与支持以及共同努力的欢乐。每天大家凑到一起讨论，画草图，做草模的时光回味无穷，累的时候，大家就一起玩耍休息，不知不觉，就一起度过了一段难忘的时光。

烟台终期答辩篇

非常庆幸作为山东建筑大学的一组代表参与了在烟台大学举行的终期汇报，期间四所学校的同学互相交流，烟台大学的同学热情的招待以及海边的四校篝火晚会都给我们留下了珍贵的回忆。

山东建筑大学末期答辩篇

最终答辩敲定在本校举行，非常庆幸地走到了最后，在经历了烟台大学终期答辩之后，又很荣幸地参加了末期答辩，答辩现场又再次看到熟悉的同学们，看到他们的作品。

总结：

城市设计作业虽然圆满地结束了，但是我们在其中的收获却会一直让我们受益。期间认识的其他三所学校的小伙伴们互相沟通交流，从彼此的身上都学到了很多。

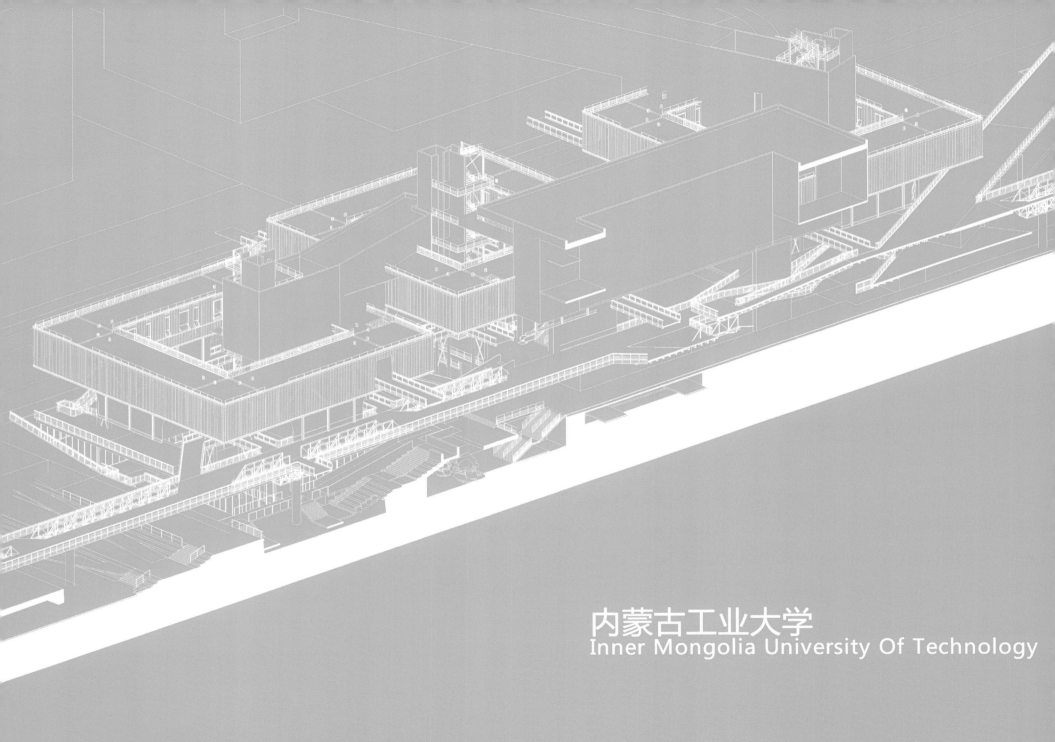

内蒙古工业大学
Inner Mongolia University Of Technology

设计成果
Design & Achievements

内蒙古工业大学第一组：
组员：郝奕辰瞾、郝厉子、袁丰、冯赟
指导教师：村睿虹、郝占囝

山东建筑大学第二组：
组员：寥新飞、张宏宇、宋鹏、樊宸希
指导教师：村睿虹、郝占囝

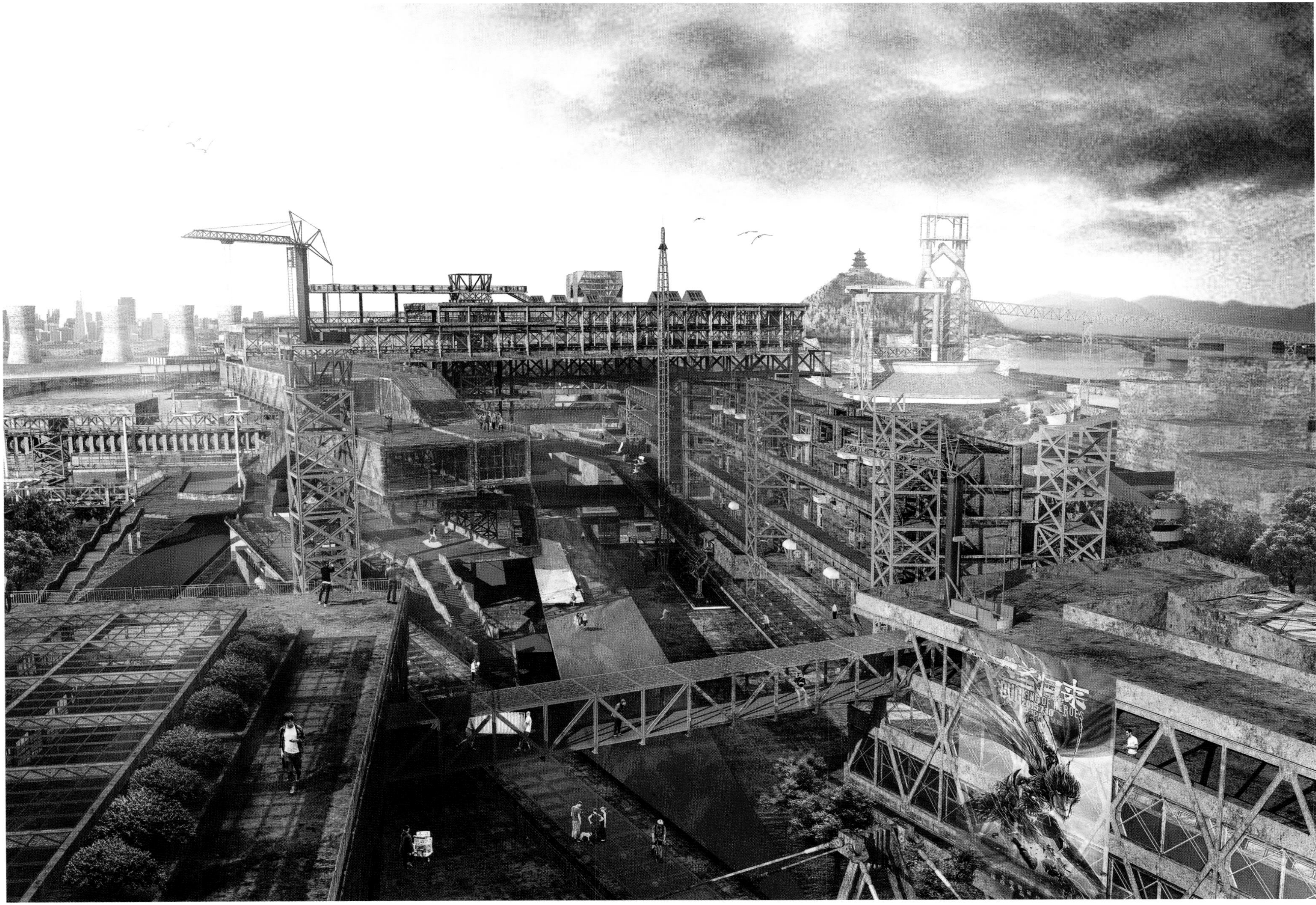

场区调研发现

被强制保留的工业遗产具有很好的改造价值

拆除区域内有数量众多且仍然发挥作用的工业结构构架

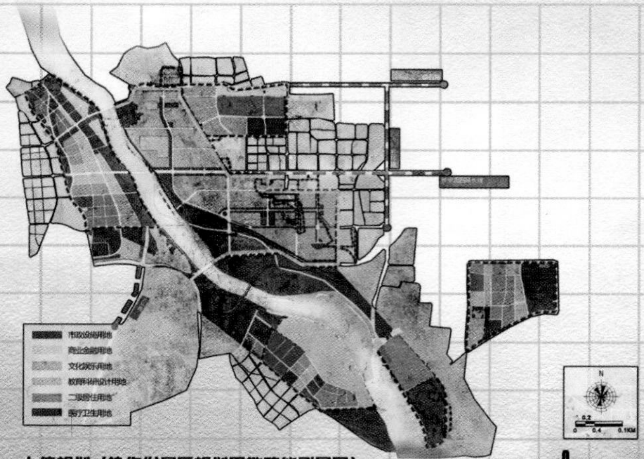

上位规划（协作发展区规划用地功能引导图）

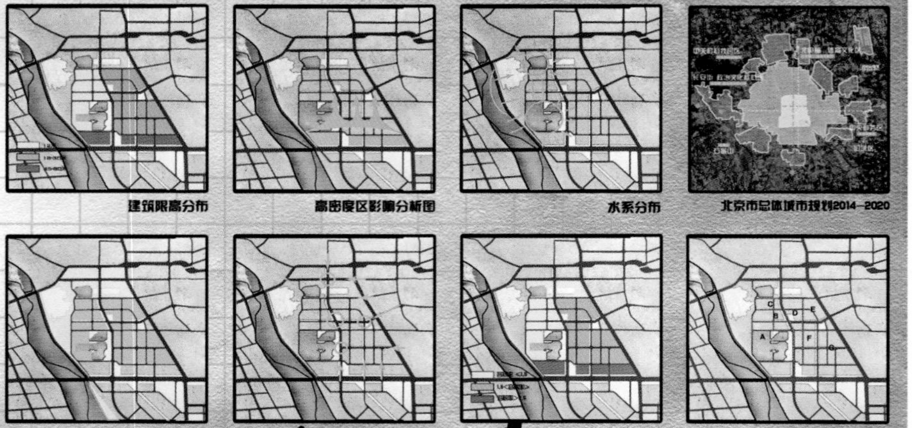

建筑限高分布

毫密度区影响分析图

水系分布

北京市总体城市规划2014—2020

文化产业用地及绿化分布

交通压力分析

土地使用强度分布

文化创意产业用地功能分区图

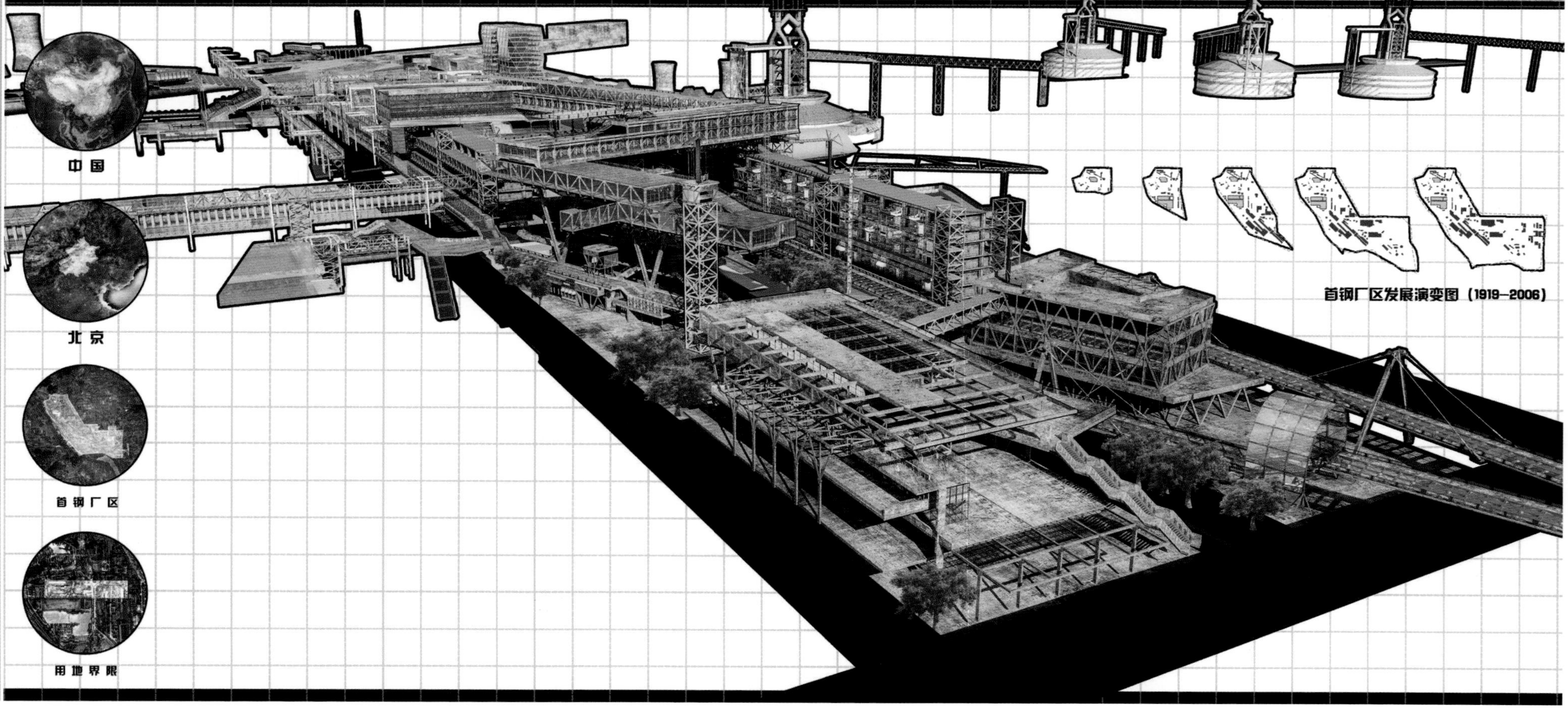

中国

北京

首钢厂区

用地界限

首钢厂区发展演变图（1919—2006）

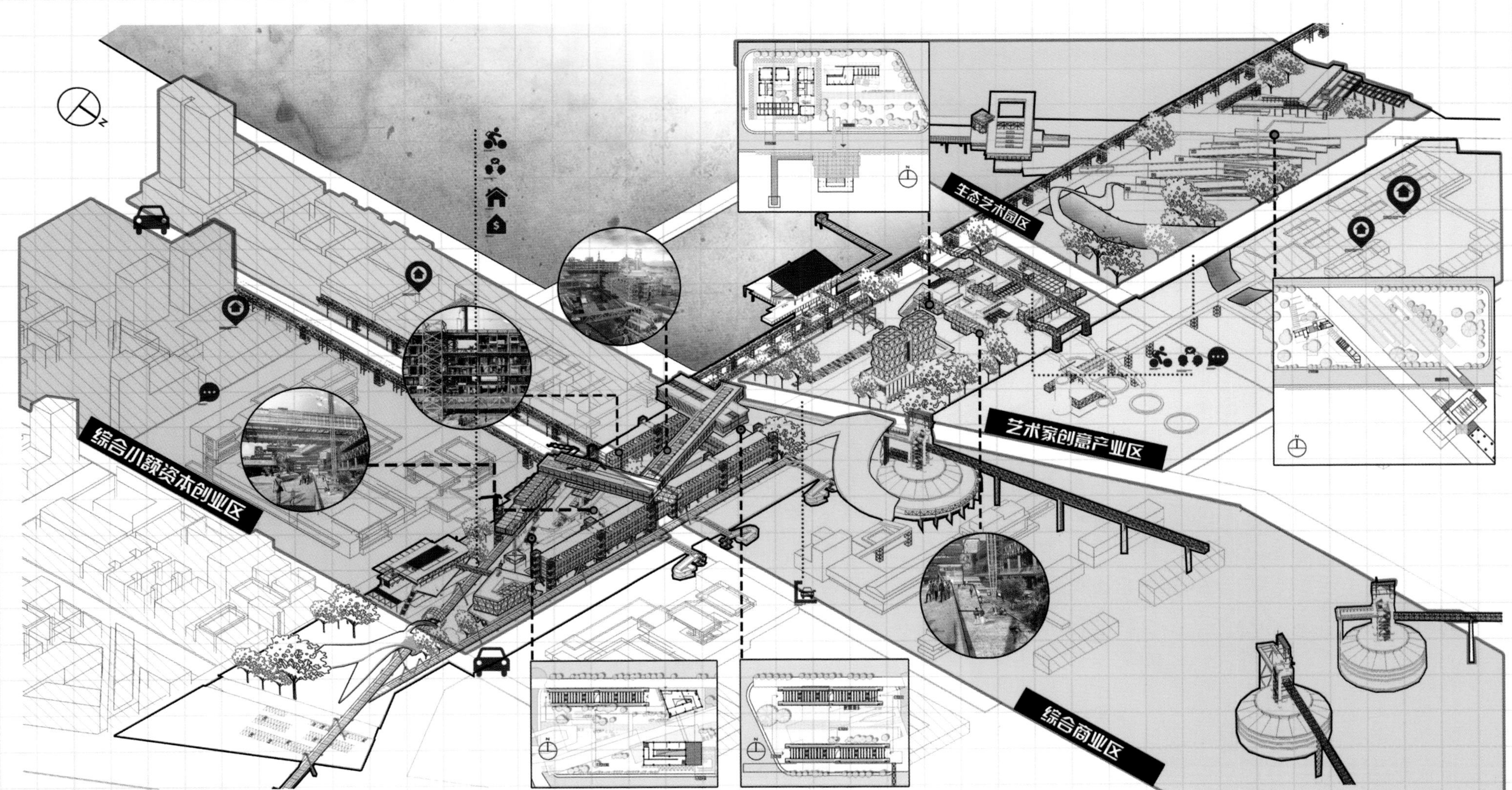

生态艺术园区

艺术家创意产业区

综合小额资本创业区

综合商业区

方案初期手工模型制作

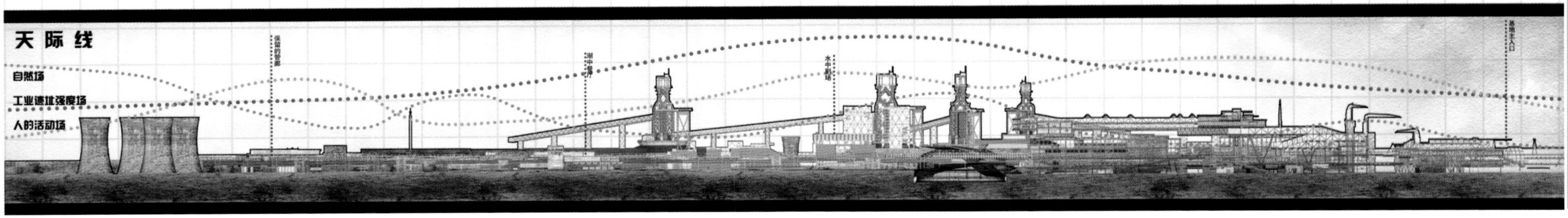

天际线

自然场

工业遗址强度场

人的活动场

保留的影响

湖泊

水中灯塔

① 首钢记忆展览馆　② 高级功能业态　③ 高级功能业态　④ 水上剧场　水上餐厅 ⑤　生态保护观察站 ⑩　⑪ 生态摄影基地

⑥ 管理及办公楼　⑦ 创客工厂　艺术家办公及公寓楼 ⑧　⑨ 艺术家工作坊

道路分级

场景剖面 1　场景剖面 2

蒙德里安的色彩：

由于方案的入手点是动态改造，主要使用的材料除老旧结构以外，还有新浇筑的混凝土。所以这样会导致建筑群的建筑气氛和性格十分压抑。

我们使用一些明亮的颜色来喷涂集装箱，使立面效果丰富起来，打破冷酷的材料性格给人心理上施加的压抑感。最后的颜色吸取了蒙德里安颜色构成理论中红、黄、蓝的色彩。

有弹性的建筑

在这种建筑营造模式下，随着产业结构的转型，零散业态逐渐成熟，发展为相对集约的业态，建筑的使用空间悄然发生变化，形态也随之变化。集装箱单元在发展前期，可快速投入使用，既可使投资者快速收回资金，又不会破坏建筑结构，避免了商业繁荣之后的二次改造，为建筑的后期使用留出了发展的余地。这种建筑空间的变化或许会持续10年甚至20年，但是其最终是在建筑结构制约下进行弹性发展。

演变中的建筑不是凭空变化的，它是在设计者前期预设的控制范围内，根据使用者的需求以及经济的自然发展，而产生的变化。我们作为设计者，要以发展的眼光来看待城市，把城市作为一个进程，而不是一个结果，我们要做的是为城市的发展提供最适当的导则，尊重城市发展的自身推动力，使其能够向着自然宜居的方向发展。

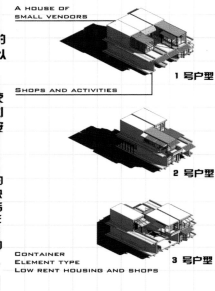

A HOUSE OF
SMALL VENDORS

1 号户型

SHOPS AND ACTIVITIES

2 号户型

CONTAINER
ELEMENT TYPE
LOW RENT HOUSING AND SHOPS

3 号户型

集装箱模块的组织方式：

集装箱作为远途运输中的标准化部件被广泛使用，我们通过对废旧集装箱模块的控制，把集装箱改造利用，形成四组团、六组团两种组合方式以及商住两用的使用空间。

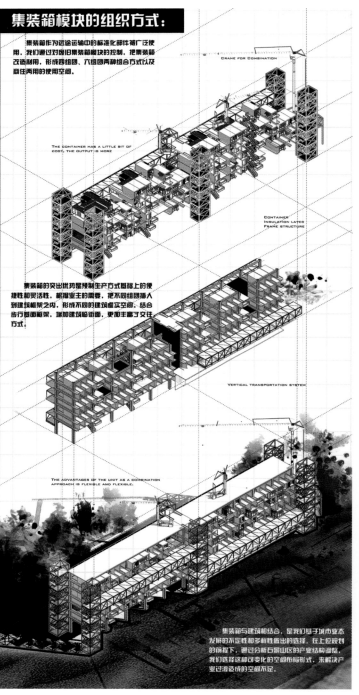

CRANE FOR COMBINATION

THE CONTAINER HAS A LITTLE BIT OF
COST, THE OUTPUT IS MORE

CONTAINER
INSULATION LAYER
FRAME STRUCTURE

集装箱的突出优势是预制生产方式基础上的便捷性和灵活性，根据业主的需要，把不同组团插入到建筑框架之中，形成不同的建筑虚实空间，结合步行基面框架，增加建筑的街面，更加丰富了交往方式。

VERTICAL TRANSPORTATION SYSTEM

THE ADVANTAGES OF THE UNIT AS A COMBINATION
APPROACH IS FLEXIBLE AND FLEXIBLE.

集装箱与建筑相结合，是我们基于城市业态发展的不定性和多样性做出的选择，在上位规划的前提下，通过分析首钢地区的产业结构调整，我们选择这种可变化的空间布局形式，来解决产业过渡造成的空间不足。

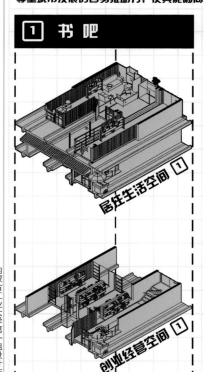

① 书吧

居住生活空间 ①

创业经营空间 ①

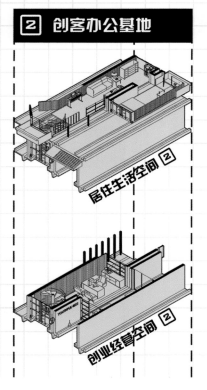

② 创客办公基地

居住生活空间 ②

创业经营空间 ②

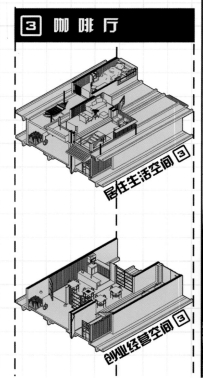

③ 咖啡厅

居住生活空间 ③

创业经营空间 ③

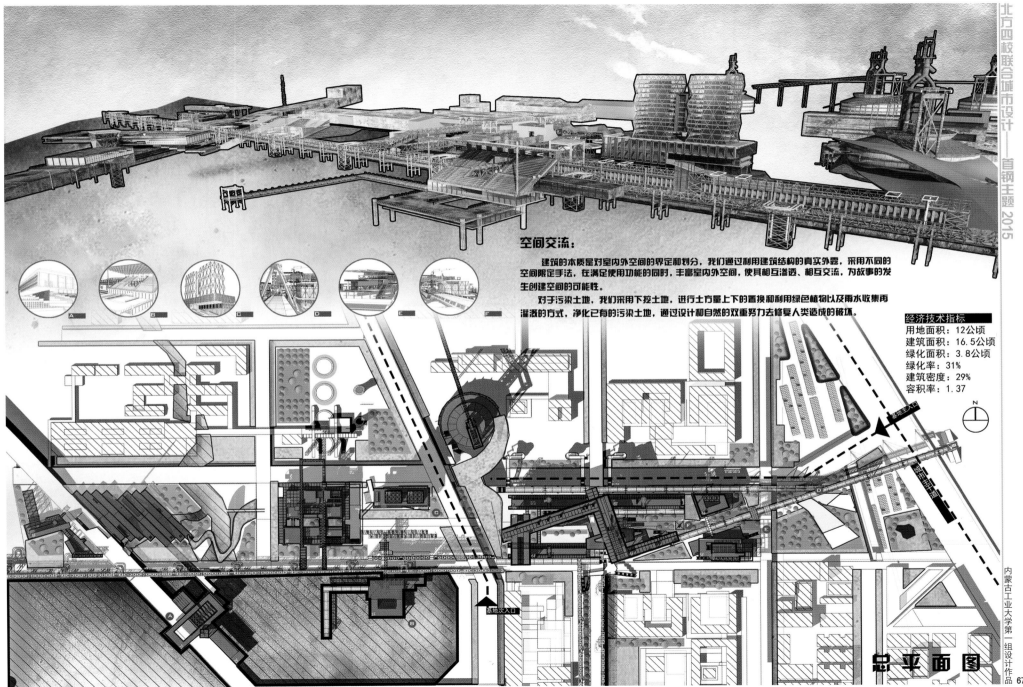

空间交流：

　　建筑的本质是对室内外空间的界定和划分，我们通过利用建筑结构的真实外露，采用不同的空间限定手法，在满足使用功能的同时，丰富室内外空间，使其相互渗透、相互交流，为故事的发生创建空间的可能性。

　　对于污染土地，我们采用下挖土地，进行土方量上下的置换和利用绿色植物以及雨水收集再灌溉的方式，净化已有的污染土地，通过设计和自然的双重努力去修复人类造成的破坏。

经济技术指标
用地面积：12公顷
建筑面积：16.5公顷
绿化面积：3.8公顷
绿化率：31%
建筑密度：29%
容积率：1.37

总 平 面 图

分期建设模式

首钢厂区改造与重建是一个长期的过程，在工程前期必然存在着"高投入，低回报"的问题，本案试图采用一种"分期建造"的方式，对工程建设进行管理。这种"分期建造"并非传统的水平向分期建造，而是采用竖直方向上的分期建造。

一期进行建筑结构框架、人行基面以及公共设施的建设。（政府垫资与开发商投资相结合的方式启动项目）

二期进行集装箱单元及相应商业配套设施的建设。（政府给予政策倾斜，开发商边运营边投资建设）

三期根据厂区发展的近况和出现的问题，对建筑上层进行相应建设。（开发商根据厂区需求与商机进行相应的投资）

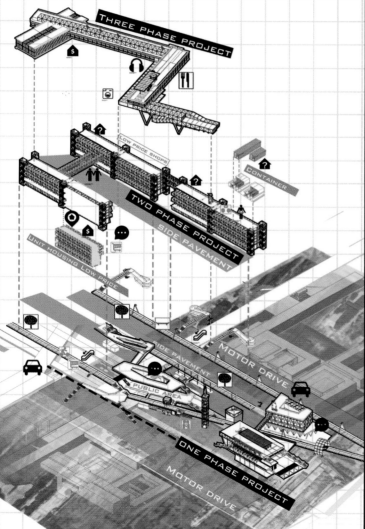

立体交通基面的空间渗透

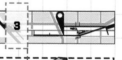

立体交通基面 1　　立体交通基面 2　　立体交通基面 3　　立体交通基面 4

空间类型的意识流：

建筑要做的屋室内外空间之间的合理渗透和衔接，而我们所做的屋建筑室外空间的交集，并努力在这个连续的且主题的城市空间当中创造不期而遇的机会和不可预知的行为。建筑是容纳人行活动的场所，行为的结果在一定程度上依附于建筑空间的设定。

室外公共空间　OUTDOOR PUBLIC SPACE

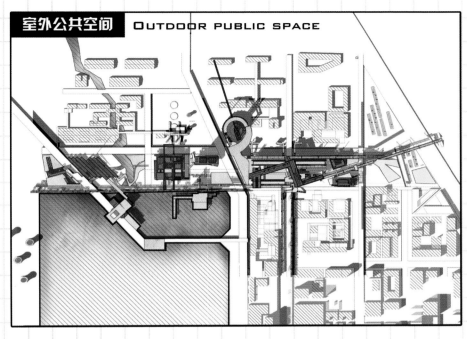

水 系　WATER SYSTEM

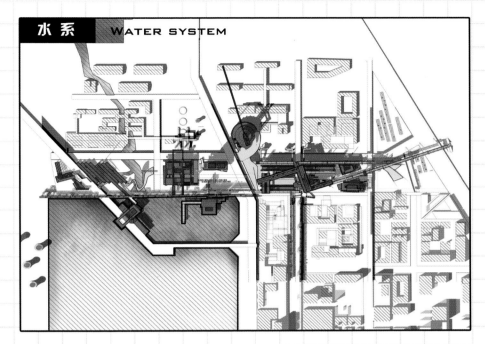

绿地景观布置　GREEN LANDSCAPE LAYOUT

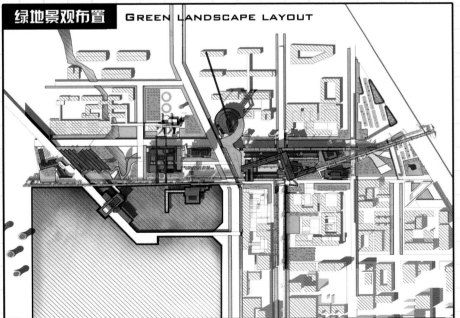

视线分析　ANALYSIS SIGHT

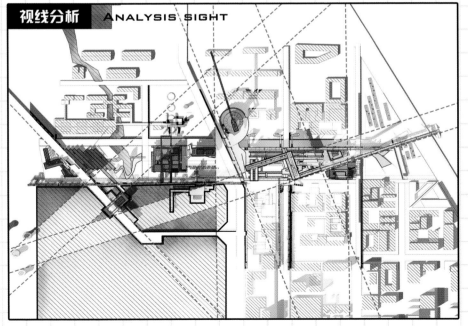

Unit Cell Urban Renewal Design
单元体城市更新设计
URBAN DESIGN OF INDUSTRIAL ZONE

首钢工业区更新发展地段城市设计 01

How many years......
Here are hard to stand in Juba industrial capital of the east-west axis most end,
Experience the change and development of Chinese capital space in modern society,
To the end, the construction of the new era of the west side of the new era.
The new plan will be a new definition and dialogue of the Shougang plant,Thousands of people here will be kept and developed in a new way,The memory of the old liberated area, the old liberated area, the old and the new building, the iron and steel,
Life in Shijingshan......

多少年来……
这里的工业巨霸们勤恳地屹立在首都东西轴线的最尽端，
体会着中国都城空间在现代社会的更迭、发展，
至终，京西新时代的建设逼近了身边。
首钢厂区的重新规划将会对它们产生全新的定义与对话，
这里千千万万的人们对钢铁的记忆将被以新方式保留与开发，
使封闭的旧厂区解放，新旧的建筑对话，钢铁的记忆淬炼，
石景山的生活革新……

钢结构Steel frame

铁路Railway

高炉Blast Furnace

■ 指标 Index

首层建筑面积：5.85公顷
建筑面积：17.76公顷
建筑密度：25%
容积率：1.48
绿化率：53%

■ 区位分析 China

Beijing

Shijingshan District

Shougang plant

70

URBAN DESIGN OF INDUSTRIAL ZONE 首钢工业区更新发展地段城市设计 02

占据石景山地区长达近百年的钢铁重工业造就了京西浓重的工业记忆以及成规模的钢铁堡垒。如今，即将退出构成京西产业舞台的它们将会充当新的角色，变身为新的符号与语言，成为带动京西地区水平发展的纽带，成为打开首都西部文化产业面向全国的窗口，成为沟通钢铁记忆与新时代生活的介质，成为对话工业与自然的城市生活中属于这个时代的选择……

Shijingshan area occupied for nearly a hundred years of steel heavy industry created a strong memory of Jingxi and steel fortress on a large scale. Today, about to exit the stage they constitute Jingxi industry will serve as a new role, transformed into a new symbol with the language, the level of development become a focal area of West Beijing ties, has become the capital of the western cultural industry opens a window for the country to become communication media memory and a new era of steel life and become a dialogue of industrial city life and nature belong to this era of choice ……

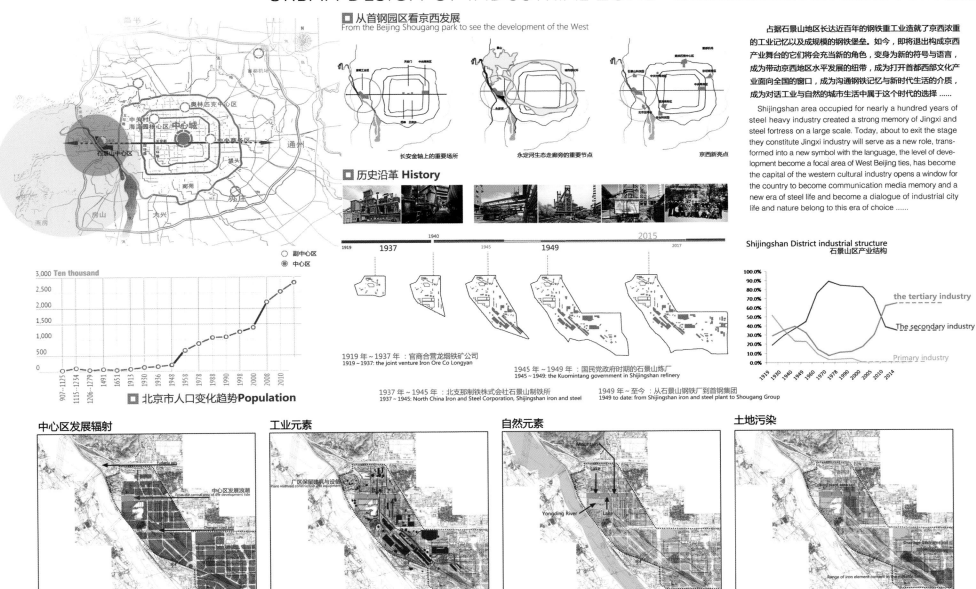

从首钢园区看京西发展
From the Beijing Shougang park to see the development of the West

长安金轴上的重要场所

永定河生态走廊旁的重要节点

京西新亮点

历史沿革 History

1919 年~1937 年：官商合营龙烟铁矿公司
1919 ~ 1937: the joint venture Iron Ore Co Longyan

1937 年~1945 年：北支那制铁株式会社石景山制铁所
1937 ~ 1945: North China Iron and Steel Corporation, Shijingshan iron and steel

1945 年~1949 年：国民党政府时期的石景山炼厂
1945 ~ 1949: the Kuomintang government in Shijingshan refinery

1949 年~至今：从石景山钢铁厂到首钢集团
1949 to date: from Shijingshan iron and steel plant to Shougang Group

Shijingshan District industrial structure
石景山区产业结构

the tertiary industry
The secondary industry
Primary industry

3,000 Ten thousand

北京市人口变化趋势 Population

中心区发展辐射

工业元素

自然元素

土地污染

Advantage

Inferiority

One 角色定位 Role Definition

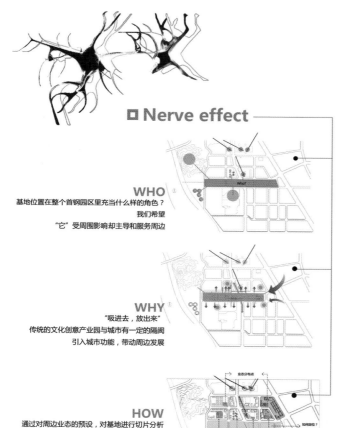

▫ Nerve effect

WHO

基地位置在整个首钢园区里充当什么样的角色？
我们希望
"它"受周围影响却主导和服务周边

WHY

"吸进去，放出来"
传统的文化创意产业园与城市有一定的隔阂
引入城市功能，带动周边发展

HOW

通过对周边业态的预设，对基地进行切片分析
使切片属于周边，却又有特殊性
真正起到神经作用

Two 视线序列 Sight Line Sequence

Condensing tower

As a circulating coolant,
water absorbs heat from the system to the atmosphere,
in order to reduce the temperature of the device.

Fourth blast furnace

Using steel plate as the shell,
the shell is lined with refractory bricks.
The blast furnace body
from top to bottom, belly, throat, body,
hearth bosh 5 part.

以南北向切片角色呈现在整个首钢北区核心地带上的
"神经"，在东西向呈现以工业复归田园的空间序列，形成关
联南北、功能自然更迭的核心，不被个别的领域所占领。

In the north and south sections presented on the role of
the North in the heart of the entire Shougang "nervous" in
the east-west spatial sequence presented in the pastoral
industry reverted to form association north and south, the
core function of natural alternation is not occupied by the
individual fields.

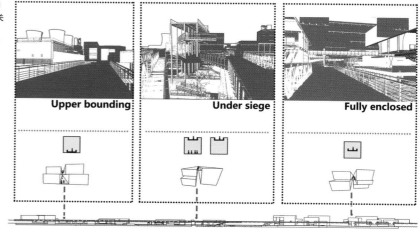

Upper bounding | **Under siege** | **Fully enclosed**

Face of the building changes ▫

开阔、自然、生态的山脉 ⟵ 工业回归自然 / 狭长遮蔽的空间体验 / 走向开阔、自然 ⟶ 高耸、庞大、狭长的工业记忆 ▫

URBAN DESIGN OF INDUSTRIAL ZONE　首钢工业区更新发展地段城市设计 **04**

Wooden Structure

不可逆的首钢工业区，何去何从？ 可生长的传统城市结构与传统木构建筑

传统的中国街坊有着多层的、可生长的城市交往空间级。从街道网的公共交往空间，到合作往来的廊庑庭院，再到圈子内部的内庭厅堂，然后是私密围合的后寝后园。多轴线的方形形体与网格道路成就了基地在整个园区内切片的多向融合与生长。

Traditional Chinese neighborhood has multiple layers, it can be grown urban space level exchanges. From the public communication network of street space, the cooperation between the gallery court-yard veranda, to the inner circle inside the court hall, and then after the private enclosed garden of sleep. Multi-axis of the square shape and the achievements of the base grid road in the entire park to slice more integration and growth.

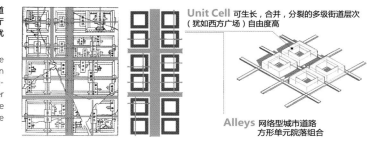

Unit Cell 可生长，合并，分裂的多级街道层次
（犹如西方广场）自由度高

Alleys 网络型城市道路
方形单元院落组合

Ancient people
认为 "围合是最基本的聚居空间"
That
"Wai is the most basic living space"

Modern people
追求光线、空气、景观、运动、娱乐、开放、感受太阳、空间、自然，传统的院落随着时间发生着改变。
Pursuit of light, air, landscape, sports, entertainment
Music, opening, feeling the sun, space, natural,Traditional courtyard with the change of time.

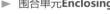

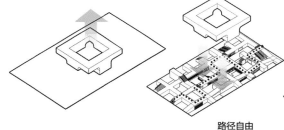

圈子的合并与分裂

路径自由　　　　分区自由

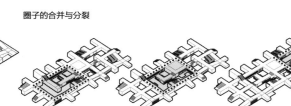

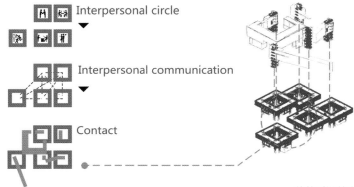

Interpersonal circle
▼
Interpersonal communication
▼
Contact

首钢2015
SHIRLEY'ARCHITECTURE STUDIO

随着时间的发展
圈子交往的模式将会是社会交往的主要类型
With the development of time
The pattern of social intercourse is the main type of social intercourse.

Six 单元体分析 Analysis Unit Cell

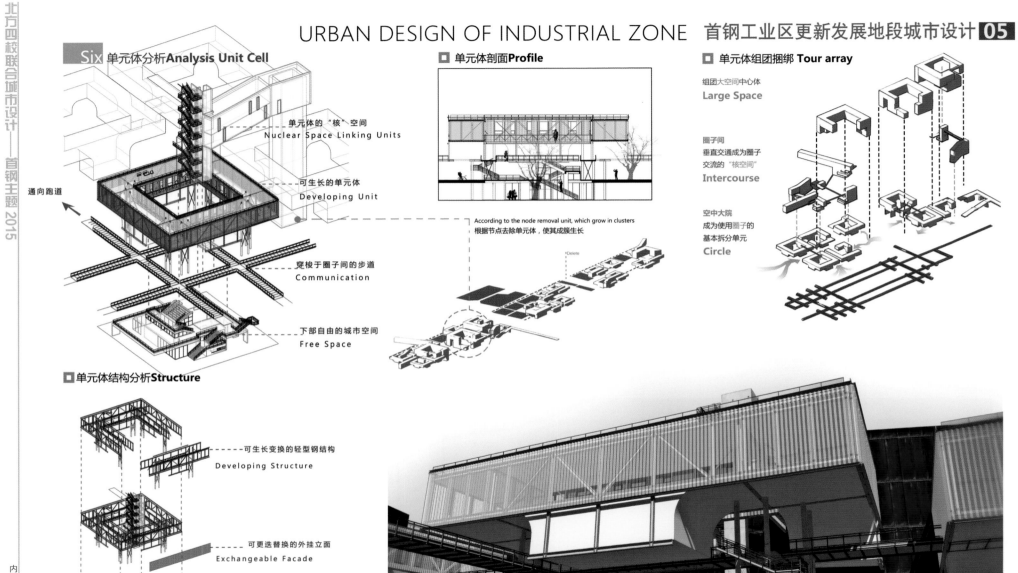

通向跑道

单元体的"核"空间
Nuclear Space Linking Units

可生长的单元体
Developing Unit

穿梭于圈子间的步道
Communication

下部自由的城市空间
Free Space

单元体结构分析 Structure

可生长变换的轻型钢结构
Developing Structure

可更选替换的外挂立面
Exchangeable Facade

可生长的单元体结构组合
Developing Unit

单元体剖面 Profile

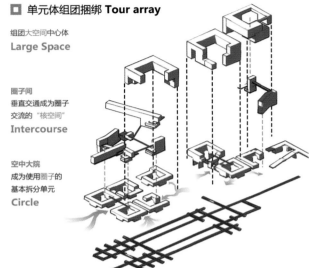

According to the node removal unit, which grow in clusters
根据节点去除单元体，使其成簇生长

单元体组团捆绑 Tour array

组团大空间中心体
Large Space

圈子间
垂直交通成为圈子
交流的"核空间"
Intercourse

空中大院
成为使用圈子的
基本拆分单元
Circle

Activity

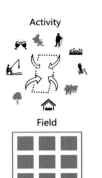

Combine Activity

Field

Invert

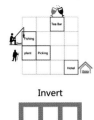

Seven 塘亩系统 Analysis Unit Cell

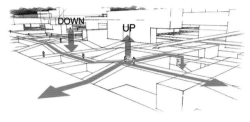

DOWN UP

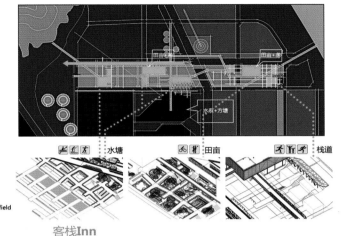

水塘　田亩　栈道

通过提升和下压的手法，获得丰富的亩上空间
Through ascension and under the pressure of the way, get rich the space above the field

Hermitage

【田居】田亩与水系内形成下沉开放的自然空间，为多文化圈子的人提供交往的垄间场所，垄下的单廊建筑提供业态多样可变的小空间。

Spaces formed between the ridges sink open natural space within Rebellion and water system, to provide exchanges multicultural circle of people, the ridge under the single gallery building offers variable formats diverse small space.

耕种 Cultivate

采摘 Picking

客栈 Inn

集会 Assembly

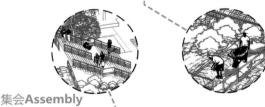

茶语 Teahouse

垂钓 Fishing

URBAN DESIGN OF INDUSTRIAL ZONE

Left to the city's public spaces,
half returned to nature,
half returned to the people living in this periphery,
it has freedom of the edge,
the path of freedom and liberty is used.

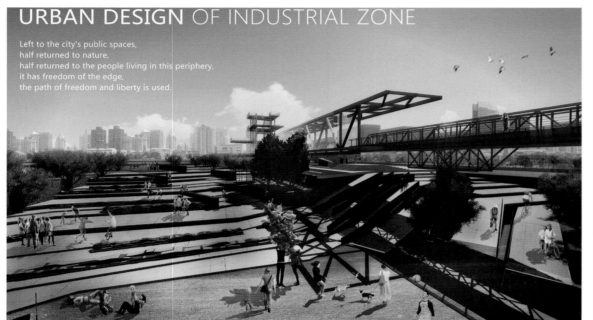

留给城市的公共空间，一半归还给自然，一半归还给生活在这周边的人们，它拥有自由的边缘，自由的路径和自由的使用方式。绿色的出行和传统的街道文化将充斥其间。

Left to the city's public spaces, half returned to nature, half returned to the people living in this periphery, it has freedom of the edge, the path of freedom and liberty is used. Green travel and traditional culture will flood the streets meantime.

- 科技创意研发区（创客开放的办公区）
- 工业记忆休闲带
- 首钢记忆文化馆
- 工业文化主题商业休闲区
- 时尚艺术消费体验区
- 生态主题个体艺术工坊
- 生态休闲办公区
- 市政公用设施

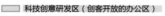

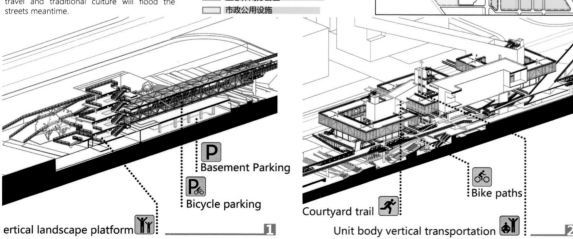

P Basement Parking

P Bicycle parking

ertical landscape platform **1**

Courtyard trail

Bike paths

Unit body vertical transportation **2**

01 路径交通 Path

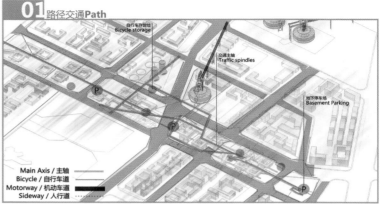

自行车存放处
Bicycle storage

交通主轴
Traffic spindles

地下停车场
Basement Parking

Main Axis / 主轴
Bicycle / 自行车道
Motorway / 机动车道
Sideway / 人行道

02 功能列举 Function

有机发展聚落
Organic development settlement

个性艺术工坊
Personality Art Workshop

银行&健身
Bank & Fitness

购物&餐厅
Shopping & Restaurant

露天剧场
Outdoor theatre

创客孵化工作室
Creating a guest incubator

图书馆&书店
Library & Bookstore

头脑风暴会议室
Brainstorming session room

首钢博物馆
Shougang Museum

入口广场
Entrance square

围绕主轴布置空中步道，把一系列生活联系起来，形成一条9米宽的便捷街道。 **09**m
Walk around the main shaft arrangement of the air,
to a series of life linked
Easy to form a 9-meter-wide street.

A trail / 一级步道
Two level trail / 二级步道

03 景观视廊 Land Scape

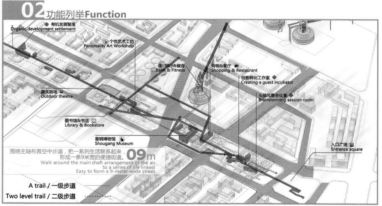

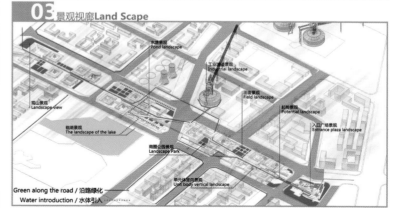

水塘景观
Pond landscape

工业遗址景观
Industrial landscape

假山景观
Landscape view

田市景观
Field landscape

临湖景观
The landscape of the lake

起坡景观
Potential landscape

商圈公园景观
Landscape Park

入口广场景观
Entrance plaza landscape

单元体垂直内景观
Unit body vertical landscape

Green along the road / 沿路绿化
Water introduction / 水体引入

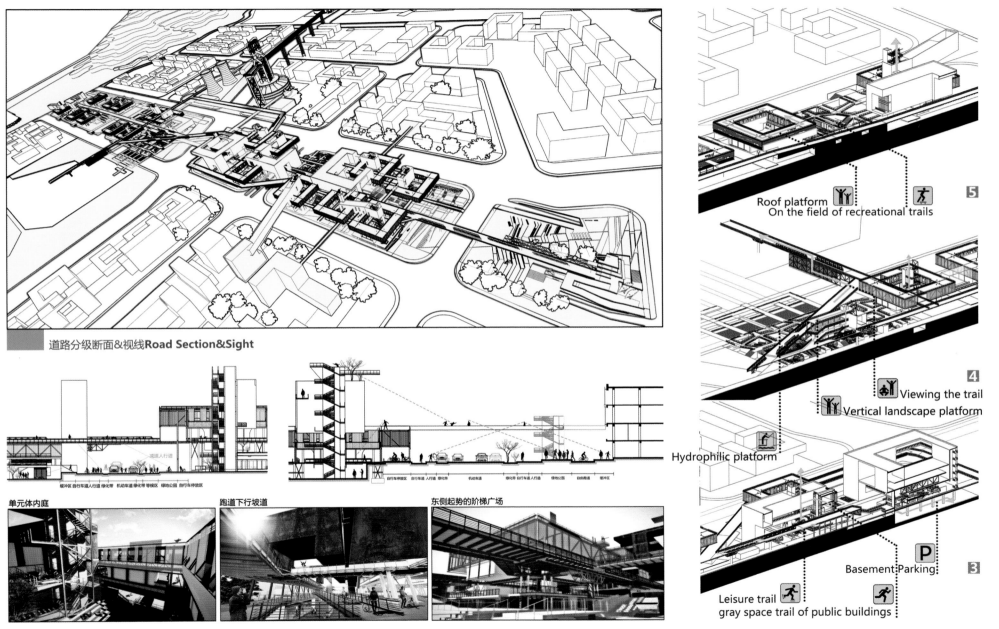

道路分级断面&视线Road Section&Sight

单元体内庭

跑道下行坡道

东侧起势的阶梯广场

Roof platform
On the field of recreational trails

5

Viewing the trail
Vertical landscape platform

4

Hydrophilic platform

Basement Parking　P

3

Leisure trail
gray space trail of public buildings

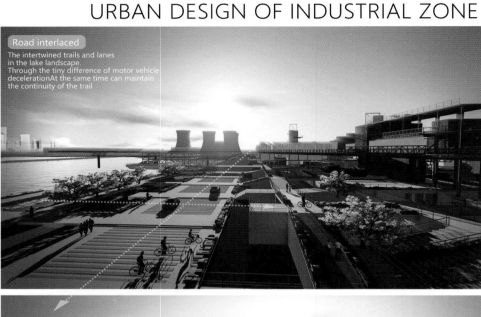

Road interlaced

The intertwined trails and lanes
in the lake landscape.
Through the tiny difference of motor vehicle
decelerationAt the same time can maintain
the continuity of the trail

Main shaft traffic organization

The spindle by trails and bike paths flexible organization
Formation of leisure slow rhythm traffic axis

Bike paths

■ 东西天际线

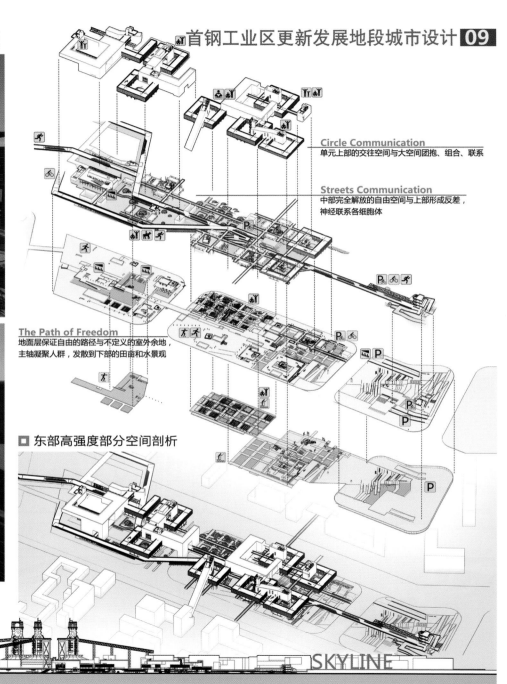

Circle Communication
单元上部的交往空间与大空间团抱、组合、联系

Streets Communication
中部完全解放的自由空间与上部形成反差，
神经联系各细胞体

The Path of Freedom
地面层保证自由的路径与不定义的室外余地，
主轴凝聚人群，发散到下部的田亩和水景观

■ 东部高强度部分空间剖析

SKYLINE

北方四校联合城市设计——首钢主题 2015

内蒙古工业大学第二组设计作品

过程与感想
Process & Feelings

记联合设计过程及心得

"众创之城"方案组
内蒙古工业大学

郭厉子　　　　袁丰

郭奕辰霏　　　冯赛

小组成员

前期调研

　　第一次来到首钢工业园区调研，便被厂区内纵横的铁道、高耸的钢铁炉以及盘桓半空的管道所震撼。看惯了现代化高楼，行走在首钢园区内不禁被其浓厚的工业气息所感染。虽然只是"真题假做"的课程作业，但是也开始为首钢厂区未来的建设陷入沉思。

　　通过解析上位规划以及对首钢园区及周边地块的调研，我们发现首钢园区内不仅存留众多的工业设备，还有石景山、群明湖等这样的山水景观，绿化植被保存量也较大。首钢园区位于长安街西延长线上，延长线横贯厂区中部。上位规划中，把首钢园区定位为文化创意产业功能区。首钢北区东侧有大片已规划、待拆除的城市棚户区。

　　由此，我们提取了山、水、工业、文化产业、经济发展、记忆这几个关键词来进行设计思考和破题。

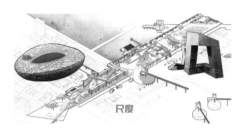

尺度

方案构思

由于第一次做城市设计，设计之初就感到无从下手的迷茫。

通过查阅资料和老师指导，我们前期工作侧重于如何解决首钢新旧矛盾、融入城市区域等设计策略和概念的思考。三易其稿，最终基于城市发展的复杂性和多变性，决定采用分期建造的策略，利用一个城市基面来控制和连接基地内部各个地块，也能借此增加城市沿街面，提高商业价值。

在整体地块的功能上，我们并没有做太多的考虑。一方面是因为对首钢地块未来经济的发展缺少客观的认识；另一方面是对首钢改造后具体功能的可行性，大家存在较大的争议。

这一阶段，我们主要的精力放在城市设计方法的讨论以及城市空间形态设计和模型制作上面。模型制作为全手工完成，耗费了大量的时间，也影响了方案的推敲与细化。

中期反馈

总的来说，我们组的中期答辩结果并不令我们满意。结合各校老师提出的问题和建议以及我们自己的反思，可总结为以下几点：

1. 整体方案偏重概念。
2. 未对地块内产业结构进行确定与划分。
3. 对"基面"的尺度提出质疑。
4. 未能很好地展示辛辛苦苦做的手工模型。

方案细化

我们在这个阶段，结合各校老师提出的问题和建议以及自己的反思，我们开始对厂区业态进行梳理与重构，力求让本设计能对首钢厂区起到切片似的影响

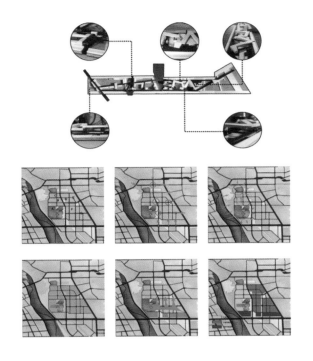

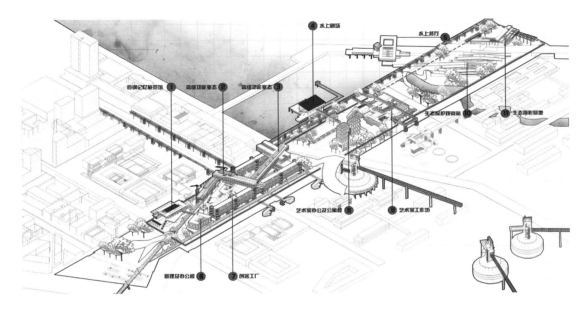

用。对现有概念设计进行深入细化，通过对结构技术以及材料构造的推敲，确认设计方案的可行性。优化"基面"空间，加入相应功能。提出集装箱建造和运作的模式，与"基面"相配合，以一种可控的演变模式，有弹性地引导城市发展，以应对城市建设中的复杂变化。

终期成果

最终成果方案从三个方面对本地块进行探讨研究与设计：

业态方面：基于城市发展的复杂性和多变性，依据上位规划的定位，我们提出一个城市发展的设计框架，让城市弹性的发展处于可控范围之内。即用人行基面控制场地内的建筑相对位置与关系，用建筑结构框架控制建筑内部空间大小及使用功能。

空间方面：基于城市人与人面对面交往机会的减少，希望创造一种"不期而遇"的城市空间，为市民提供公共场所的同时，拉近人与人之间的距离，并以新的空间手法重塑首钢工业氛围与记忆。

材料方面：鉴于首钢基地内有大量需拆除管道钢材的现状，进行就地取材再利用，为设计中的人行基面和建筑结构框架提供合适的材料，既节省了建筑成本，又保留了首钢的记忆，还实现了材料的循环利用。

心得

两个"收获"，三个"感谢"。

收获友谊

这次联合设计共三站，开题及前期调研在北京，中期答辩在烟台，终期答辩在济南。每到一地，东道主院校的同学都帮忙安排接站、联系住宿。带我们熟悉

1. 烟台海滨篝火晚会
2. 与指导老师合影
3. 参观兄弟院校
4. 学习兄弟院校作品

1	2
3	4

环境，参观学校，热情而周到的帮助，让我们十分感动。

在方案评审时，大家是竞争对手，但是答辩结束后，大家成为好朋友和相互学习的对象，特别要感谢烟台大学的同学们，在中期答辩结束后，烟台大学同学不辞劳累，热心地为大家组织了海边烧烤和篝火晚会，一扫大家连日赶图的疲惫，也给大家留下了浪漫而又难忘的碧海回忆！

收获知识

通过这次联合设计交流，切身感受到各个学校不仅有很强的建筑教学能力，又有各自的特点和优势。从北方工业大学的老师和同学身上看到，模型推演和方案设计相结合的能力以及师生间学术的自由氛围和学术高度。从烟台大学的老师和同学身上感受到，方案的快速入手能力、活跃的气氛以及对专业学习的执着和探索精神。从山东建筑大学的老师和同学身上感受到，理性的方案分析和推演能力以及扎实的基本功。

这次联合设计，为我们提供了良好的学习平台，让我们有机会走出来，学习各兄弟院校的优点。通过比较，发现自己的不足，找到自己未来努力的方向。

最后，还有三个"感谢"：
感谢各位老师不辞劳苦的悉心指导！
感谢兄弟院校同学们的热情招待！
感谢联合设计教学组提供珍贵的交流平台！

We.

FOUR YOUNG PEOPLE
WITH A DREAM OF
ARCHITECTURE AND A DISDAIN TO WORK

北方四校联合城市设计——首钢主题 2015

前期调研
Preliminary investigation

　　占据石景山地区长达近百年的钢铁重工业造就了京西浓重的工业记忆以及成规模的钢铁堡垒。如今，即将退出构成京西产业舞台的它们将会充当新的角色，变身为新的符号与语言，成为带动京西地区水平发展的纽带，成为打开首都西部文化产业面向全国的窗口，成为沟通钢铁记忆与新时代生活的介质，成为对话工业与自然的城市生活中属于这个时代的选择……

　　当我们亲眼见到首钢这位老朋友时，满怀欣喜。深深地被首钢园区内庞大的工业构筑物所震撼。它们的存在不仅是首钢的一段记忆，更是北京钢铁工业发展的记忆。面对首钢的转型它们该何去何从，这又让我们内心有一种莫名的使命感和责任感。

方案构思
Scheme conception

　　通过对任务书的解读和对首钢园区的调研，我们认为首钢产业转型后的定位和未来园区的发展必定会成为设计最先要考虑的问题。我们认为设计不能单单局限于基地，因为，虽然我们的设计是所给基地，但我们研究和考虑的范围绝不能局限于基地。所以我们首先考虑的问题是基地对于整个厂区而言，它充当什么样的"角色"。我们为此对一些有名的文化创意产业园，例如798园区，宋庄园区进行了一些了解。发现文化创意产业园随着发展会出现产业单一，使进入人群缺乏归属感的一些问题，所以我们希望引入城市功能，使基地成为带动园区发展的"神经"。通过基地把城市的人群引进来，在通过对人流的引导把人引导到整个园区，发挥基地周围自然元素和工业遗产元素的优势。

北京798艺术园区

中期答辩季 烟台站
YANTAI

Model...

中期反馈
Medium term feedback

DISCUSS

Metabolism
不可逆的首钢工业区，何去何从？

传统的中国街坊有着多层的、可生长的城市交往空间级。从街道网的公共交往空间，到合作往来的廊庑庭院，再到圈子内部的内庭厅堂，然后是私密围合的后寝后园。多轴线的方形形体与网格道路成就了基地在整个园区内切片的多向融合与生长。

记忆翻回到十月，烟台，中期答辩。中期答辩主要是对前一阶段方案理念的提出以及对方案构思与分析的反馈。起初面对首钢23公顷的土地，这个似乎已经超出了我们所认识的城市尺度，我们甚至有点无从下手。这一阶段，讨论便显得很重要，怎么做？做什么？所有的人都没有很清晰的答案。我们采取"剥洋葱"的方式，从大到小，从宏观到微观，一步步讨论分析，从理性的角度定位我们所设计的地段。

经过一次次的讨论，我们希望设计全新的城市结构，以完全不同的空间感受与首钢园区对话。它就像神经一样将城市机能吸入进来然后释放到整个园区，整个城市能够有机地生长与发展，远处的山，近处的高炉，随着人们的行走若隐若现。我们同时也提出生态的理念，释放土地，增加绿地，使城市与自然融为一体。在理念提出之后，我们开始对城市的结构与空间进行推敲与分析，最终提出了我们上部规整的单元体城市结构体系以及下部自由生长的田亩空间，用我们自己的方式将实践与理念结合，给出了我们对首钢的第一次回答……

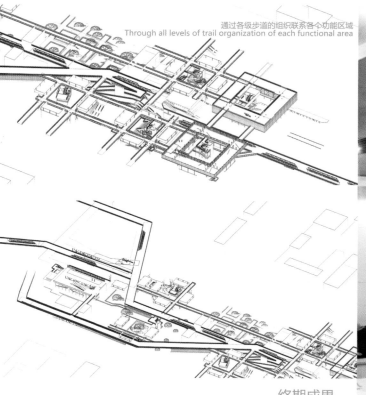

通过各级步道的组织联系各个功能区域
Through all levels of trail organization of each functional area

终期成果
Final outcome

　　最终答辩是对整个设计的展示。在深刻分析我们小组对于方案的认知与我们作为建筑学专业对于城市设计方法的优劣势后，我们决定从建筑学角度去深入城市空间，思考城市活动，把握城市肌理。根据周边自然环境的特殊依存性，与前期调研场地地位对于京西发展的关键性，于是，我们确定了由东到西，从工业尺度感和联系感回归到自然的绿色低调、更新生长的小尺度空间。又考虑到中期确定的场地各个地块的业态在北区创意产业园区域内是以南北切片的形式分布的，而与众不同的倒置单元体量，导致东西向肌理的连续性与业态的南北切片似乎矛盾。于是，在反复建模推敲中，选择利用正方形四边的等价性，在下部架空的自由空间上做了南北渗透，多向自由的城市空间及界面，这些自由的下部城市空间吸附在架空的主轴跑道周围，提供公共交往与展示，通过上部方形的建筑阵列及光线提供方向感，这样，下部空间的南北自由渗透，中部街道空间引导和过渡，上部空间凝聚各个圈子，圈子间又设置交流的大空间，如此形成了立体分层、核交通串联、同时又具有首钢特质工业感的现代城市空间。

终期答辩季 济南站

个人心得 Personal experience

李新飞
Thinphy

从建筑设计到城市设计，从独立思维到合作互补，从自我认知到交流互汲；每一次合作设计，都是一次历练，学建筑是路漫漫，在尊重传统的同时，汲取新鲜的成分，是对于时代发展的反馈。冠生新绿，取于根泥。建筑是在时间轴上历久弥新的过程，这是本次设计，我对于历史与未来的感悟。

张宏宇
Hong

第一次尝试城市设计，面临许多的挑战。我们做过许多的尝试，我们试着用建筑学的角度来理解本次比以往更加"复杂"的设计。一直坚信好的设计是立足于所在的这片土地和生活在这片土地上的人们。我们要做的是如何让人们产生一种来自生活的共鸣，建筑的意义不仅停留在遮风避雨的"容器"，更是情感的载体。

宋莉
Shirley

四校联合城市设计，对于我们每个人来说都是一次幸运的探索与实验。第一次面对城市设计，我们都很迷惘，但却也很幸运，正是因为有如此多的不确定，才更能激发思维的活力，这样做设计，无疑是幸福的。我们一起摸索、一起讨论、一起做模型、一起熬夜画图，一点一点地将一张白纸从无画到有，这种感觉真的很美妙。这次设计对我而言，最大的收获是关于这件事、这些人的美好回忆。感谢耐心指导我们的老师和努力付出的队友们。

樊宸希
Fans

首先很感激可以有机会参加这次的四校联合城市设计，这对于我来说是一次弥足珍贵的经历：收获专业层面的知识，认识志同道合的朋友。最后感谢所有老师在整个联合设计过程中的辛勤指导，感谢组内其他三位小伙伴的全力付出。感恩，我会一直努力。

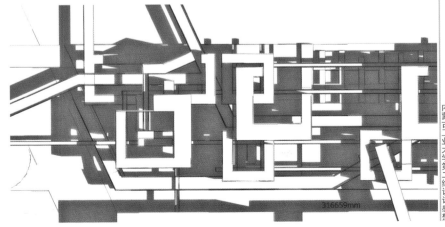

316659mm

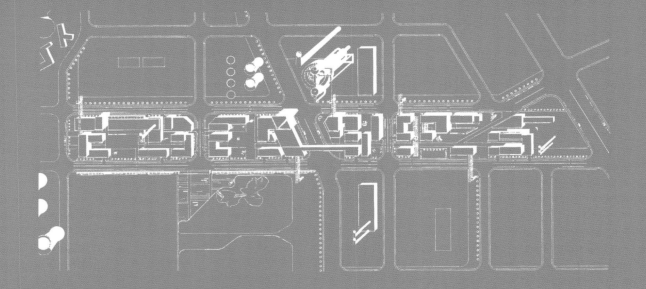

烟台大学
Yantai University

设计成果
Design & Achievements

烟台大学第一组：
组员：谭业千、林亚楠、姜雨尘、段旋、
董丽蓉、白静渊、王文超
指导教师：薄宏波、任书斌

烟台大学第二组：
组员：孙丽程、王丹晶、魏建男、于正伟
指导教师：任书斌、薄宏波

启动区 1 旧工业时代的新生

区位分析

北京市——石景山区

石景山区是北京西部的一个行政区，是北京市六个城区之一。位于长安街街西段，最东端距天安门14公里，面积84.38平方公里。

石景山区——首钢工业区

首钢工业区位于北京市长安街的石景山区。距北京市中心约20公里，是集科普教育、爱国主义教育、学术交流、休闲娱乐人文类的教育基地于一体原游景区所。

首钢历史介绍

1919----1948年：历经沧桑，饱受磨难
北京石景山东麓曾命名为"龙烟铁矿公司石景山炼厂"（即首钢的前身）被确占时，厂内野草丛生，满目荒凉，工人过着穷人的生活。

1948----1978年：喜获甘泉，成长壮大
1948年12月17日，石景山钢铁厂解放，首钢成为北京市第一个国营的钢铁企业。

1979----2002年：改革开放，探索发展
首钢集团正式成立。围绕社会上关于"要首钢还是要首钢"的议论，首钢人陷入了"向何处去"的思考之中。

2003----现在：立志"三创"，再铸辉煌
科学发展，为建设有世界影响力的综合性大企业集团而努力奋斗。

石景山创意产业链

创意产业是产业融合的产物，它以文化内涵为引领，以数字技术为手段，是科技与文化的有机结合。石景山创意产业的发展要坚持文化与科技相结合，实现文化与科技的两轮驱动。

石景山创意转型路线

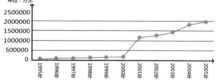

通过对石景山地区经济状况的分析，激活历史遗产，发展创意产业，塑造新路径，打开新领域，推进产业整合，拓展创意产业链是解决石景山在首钢搬迁之后造成的缺乏支柱产业造成的经济增长慢的问题方法。

石景山历年GDP值

单位：万元

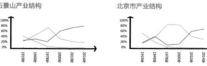

20世纪19年代中期以后首钢不能继续扩大生产规模尽管石景山区经济总量依然保持一定幅度的增长，但是经济增长速度明显减慢。

石景山产业结构

北京市产业结构

石景山地区在建国以后对首钢的大力扶持，第二产业蓬勃发展，一直到20世纪90年代中期以后，首钢发展疲软，石景山第三产业蓬勃发展。

北京市历年GDP值

单位：百万元

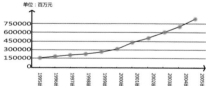

改革开放后北京市经济匀速发展，2000年以后经济持续快速增长。

石景山历年生产总值占全市生产总值比重　　2007年石景山第三产业行业所占比例

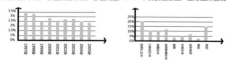

石景山地区在20世纪90年代中期之前在北京市中经济地位较高，进入2000年后，北京经济在第三产业下迅速发展。

启动区 2 旧工业时代的新生

北京·印象

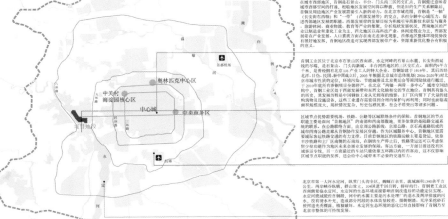

■ 从行政区划上看

■ 从人口密度上看

■ 从从业人员来看

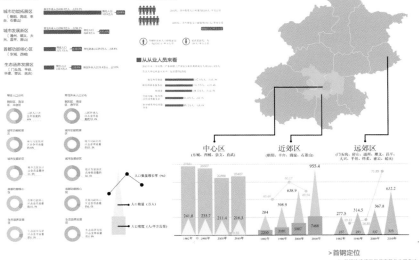

中心区　　近郊区　　远郊区

>首钢定位

1) 首钢的建设不但代表着北京黑色冶金工业的建立和发展，开创了首都工业化建设的历史，对北京城市的发展产生了巨大影响，对北京现代化建设具有重要历史意义。

2) 首钢是中国官僚资本与民族资本融合发展自主工业的尝试，并于新中国成立后自主设计、建造并壮大起来的大型钢铁生产企业，曾经是我国最大的钢铁生产基地之一，在行业内具有一定的先进性。

3) 首钢发展与新中国钢铁工业文明有着紧密的关系，历史上创造了国内第一套制氧机、第一座氧气顶吹转炉、第一座自动化高炉等多个中国"第一"，在技术上具有一定的先进性。

因此，不论从城市建设、行业发展还是技术科研各方面看，首钢都具有较高的工业遗产价值；对首钢工业遗产进行保护，将有助于保留北京首钢工业的辉煌历史和城市建设的伟大成就。同时，此处又处于掌握巨大发展契机之际，目前处于承载巨大发展契机，因此国内如要选择钢铁类工业遗产的话，首钢是最具备条件的。

>项目背景

项目用地位于首钢工业区西北方位，用地面积约为15公顷。

项目用地临有石景山、永定河等自然景观，东边接着道路北辛安路。

项目地块东西向跨度极大，整体轴线感极强。

项目周边工业遗产很是丰富。

>历史沿袭

北京市环形高速路

北京市的不断发展使得城市面积增大，促使北京环形车道不断发展，现有二环到六环五条环形城市高速路。

北京市放射高速路

北京市经济的快速发展使得北京市的交通线路越来越密集，作为首都又与周边城市联系越来越密切，所以具有大量向外辐射分布的高速交通线路。

场地内部道路系统

首钢工业区现有道路级主干道与支路交叉分布，同时与"上"与"T"字形道路连接不够便利，需要大量的"十"字形道路来缓解厂区内道路状况。

场地周边道路系统

首钢工业区周边交通便利，处于高速路五环与六环之间，而且周边交通网络密集，主干道、次干道交叉分布，方便出行，而且有丰富的铁路线经过首钢工业区。

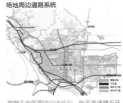

场地污染源

焦化区域土壤主要是炼钢高炉以及焦炉冶炼，排水沟区域土壤的污染是由炼钢后污水造成，料场铁元素污染是由铁矿石污染造成。此次方案处于焦化土壤污染地块。

场地污染治理

对于场地中的土壤污染问题，现今世界上有几种较为成熟的方法。1对于污染的土壤挖出，焚烧掩埋。2使用化学试剂进行治理。3使用改良剂。4进行换土。5使用生物修复技术，即用植物吸收土壤中的重金属。此方案中为了节省资金减少污染，我们将采用换土方法然后将换后的土壤进行焚烧掩埋。

场地周边分区

首钢场地周边区域沿河相对的是村庄以及工业区，东边为古城、居民区、学校以及办公区域。可以看到基地周围存在大量人口，但是缺乏许多必要的相对于人们需求的精神文明层次的设施，而基地的建设是围绕北京CRD进行设计的，将极大满足于人们需求。

功能分区

首钢地块内在规划中分为遗产保留的主题公园文化创意产业、综合服务中心、行政中心、经济区、配套设施以及滨河生态休闲区。我们设计的区域为文化创意区。

北方四校联合城市设计——首钢主题2015

烟台大学第一组设计作品

启动区 3   旧工业时代的新生

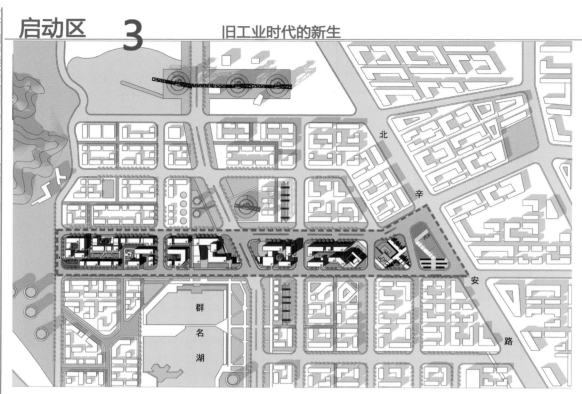

>>课题背景与目标

■ 工业景观服务带   ■ 艺术家村

■ 工业旅游休闲区   ■ 文创办公区

人才公寓   功能分区

>>基地优势

优势
· 位于北京，中国的政治文化中心，具有先天的地域优势。
· 政策支持，政府大力支持首钢转型。
· 首钢场地内存在众多工业遗迹，可进行适当的遗迹保护与遗迹改造，在保留原有风貌的基础上进行创新。
· 周边交通发达，存在大量潜在人群。

劣势
· 首钢内部结构功能单一，缺少公共文化设施的建设。
· 缺少与外部的交流，无法吸引外来人群进入厂区进行消费活动。
· 存在大量工业废料，部分土地与水质存在污染情况。
· 由于场地位于长安街轴线上，政府对该场地的利用存在诸多限制。

机遇
· 首钢搬迁致使原有地块更新有利于进行设计改造。
· 地块西面为石景山景区，可利用这一优势进行人流疏导，增加地块活力。
· 政府重视对首钢旧址的二次开发利用。
· 可借此实现首钢园区从第二产业向第三产业转型的契机。

挑战
· 如何将人群引入该地块中。
· 如何让首钢旧址展现出新的活力。
· 如何将首钢内现存的老建筑与现代建筑进行结合，形成新型创意产业。
· 如何与周围景观（石景山）进行融合。
· 在上位规划的建筑高度和建筑密度的基础上尽量满足容积率的要求。

地块退界设置   建筑高度设置

地块道路设置   公交站点设置

建筑密度规划   容积率规划

建筑临街界面   地下车库规划

功能意向

>> 定位及概念生成

宏观背景	+	微观条件	=	规划方案
外部需求		内部分析		方案定位

经济　产业转移，退二进三　过去　工业文脉的传承　酒店办公休闲区
社会　公共空间，吸引人流　未来　创意产业的注入　娱乐商业综合区
文化　创意产业，生态复兴　理念　工业时代的新生　创意产业博览区

定位
首都最大的钢铁生产原制企业 → 商业、办公、休闲的复合型文化创意产业

概念
以一条绿化轴线贯穿工业遗产使之再利用实现旧工业时代的新生

产业转移 ← 水作为冷却水使用，自然环境遭到破坏。→ 工业发展

因厂址转移留下众多工业遗产，缺少公共活动设施。 → 后工业 → 分析基地现状、历史确定发展方向和定位

基于上位规划，首钢处于"北京CRD"的重要位置，位于石景山科技园区旁，通过对首钢地区的重新定位和设计，我们传承自然景观与城市共处的原则，沿袭首钢留下的历史文脉并继承工业遗产特色，提出城市发展模式和生成式的创新格局。

文化创意产区细分产业类型

视觉艺术　从事艺术品的创作及经营
表演艺术　从事戏剧、歌剧、舞蹈、音乐等表演及经营
文化艺演设施　从事美术馆、博物馆、演艺厅等的经营管理
工艺　从事工艺设计、工艺制作、工艺品展售、工艺品鉴定等
电影　从事影片制作、发行、放映及电影周边生产制作服务等
广播电视　从事无线电、有线电、卫星广播电视、电视经营及节目制作供应
出版　从事网页化、书籍、唱片、录音带等具有著作权商品发行的行业，不含电影发行及广播节目和音像节目的自行发行
广告　从事各种媒体宣传物的设计、制作、独立经营分送广告和招揽广告
设计　产品设计企划、产品设计、机构设计、原型与模型制作、流行设计、商标设计、视觉设计、包装设计、网页多媒体设计、设计咨询顾问
数字休闲娱乐　从事数字休闲娱乐设备、环境生态休闲服务及社会生活休闲服务
设计时尚品牌　从事设计师为品牌的服饰设计、顾问、制造及流通
创意生活　源自创意或文化积累，以创新的经营方式提供食衣住行、教育娱乐各领域有用的商品或服务，运用复合式经营，具创意再生能力并提供学习体验活动

工业产区发展策略

工业遗存为亮点
产区内遗留有冷却塔、高炉、吸水池、烟囱等独具特色的工业遗产资源，对其进行保留和改造，使其成为整个区域的亮点和标志物，形成特色鲜明的城市风貌，丰富城市文化内涵，提升城市文化品质。

休闲旅游为辅助
在厂区内植入公共活动空间，利用现存的石景山永定河等生态景观形成特色景观系统，大力打造休闲游服务，致力于创造生态首钢。

创意产业为载体
将文化创意产业区的建设和工业遗存的保护再利用联系起来，利用原有地块优势，保证创意产业的联动发展。

慢行交通为支撑
构建高效快捷的公共慢性交通系统，结合自行车系统，综合交通枢纽的建设，为地区的长远发展提供必要的支撑。

规划指标分项控制表——览表

地块编号	用地性质	总建筑面积(㎡)	广场面积(㎡)	办公面积(㎡)	商业面积(㎡)	宾馆面积(㎡)	居住面积(㎡)	艺术工作室(㎡)	万㎡广场面积(㎡)	公寓面积(㎡)	居住面积(㎡)	建筑高度(%)	容积率	绿化率(%)
001	艺术家工作室 办公 商业 餐饮	11919	4800		6907			3337	2395		1768	53	1.72	17
002	艺术家工作室 办公 商业		3107		13139	436		3818	4398		1892	39	0.95	12
003	艺术家工作室 办公				1458									15
004	艺术家工作室 办公 商业 餐饮	3105			4488			2227	1938		1910	53	1.0	17
005	艺术家工作室 办公 商业 餐饮	5674			7397			3123	3009		2431	38	1.3	19
006	艺术家工作室 办公 商业	2450			4277			1277	1277		1277	54	1.3	19
007	艺术家工作室 办公 商业	7610	371		6329			2611	2611		203	54	1.5	19
008	影视文化博物馆 影视设计中心	5775			13367							15	1.9	19
009	居住			8423	1478									15
010	居住				2145							15		12
011	办公	19605			10663	9339			725			42		20
012	商业 办公	16084			6515				638	2796	42	35	1.9	23
013	商业	4335		3796								35		21
014	会展 办公	13718		8700	1200							50	2.1	12
015	入口广场				1627							35	2.0	26
016	绿地广场				8231									28
017	绿广场				11082									28

启动区 4 旧工业时代的新生

艺术家：生活态度**自由**，生活工作常常**无规律**，且无明显的区分。

为此我们为艺术家提供了：

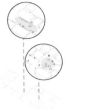

居住
工作
展览
聚集

开放空间

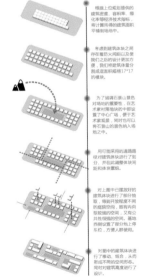

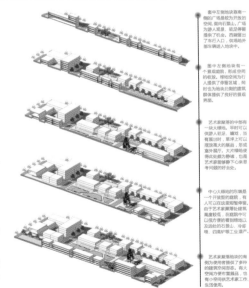

1-1剖面图　　　2-2剖面图

启动区 **5** 旧工业时代的新生

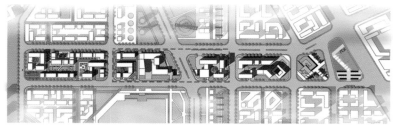

游客：暂时停留，在景区内的行走目的性不强，分布较**分散**。

剖面分析图

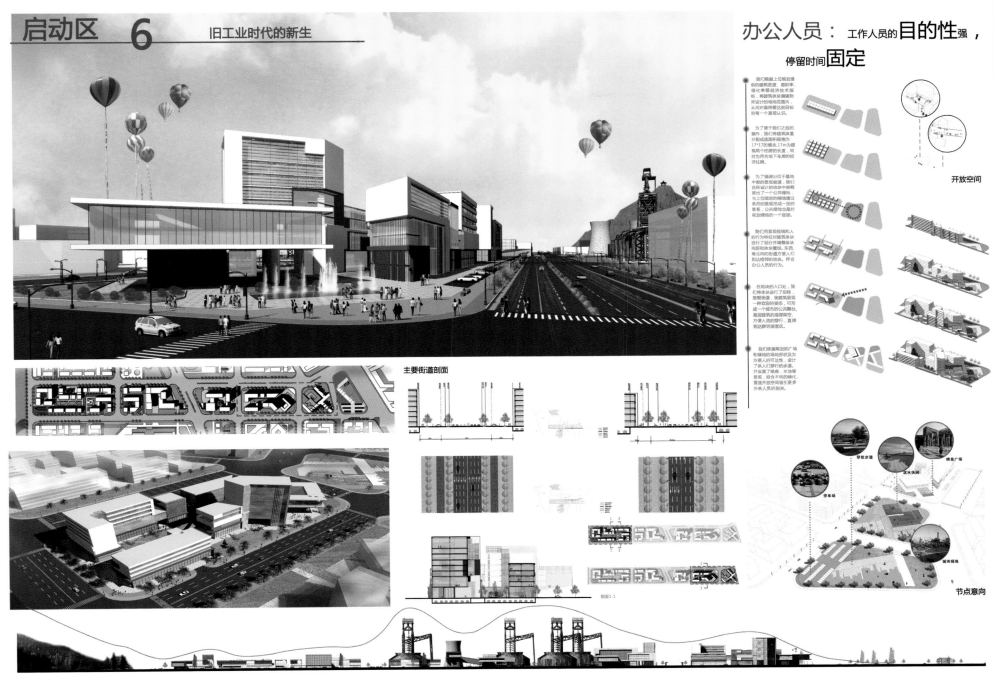

启动区 6

旧工业时代的新生

办公人员：工作人员的**目的性**强，停留时间**固定**

我们根据上位规划提供的建筑密度、容积率、绿化率等经济技术指标，将建筑体块调整到所设计的场地范围内，从而对最终要达到目标的每一个直观认识。

为了便于我们之后的操作，我们将建筑体量分割成连面围绕格为17*17的模块，17m为建筑两个柱跨的长度，同时也符合地下车库的经济柱网。

为了强调出位于基地中部的景观廊道，我们在所设计的地块中部脉挤出一个一公共场地，与上位规划的绿地廊过各局的发展形成一定的联系，公共绿地也是对视觉廊的一个延续。

我们用景观视线和人的行为非轴对称整体进行了划分调整体块周围和块组的大东西，南北向的街道方便人们到达相像的地块，符合办公人员的行为。

在地块的入口处，我们将体块进行了掏挖、架整者盖，使建筑是是一种欢观的姿态，可形成一个城市的公共舞台，高起建筑的底部煤空，方便人流动行，直接到达群明湖景区。

我们根据规划的广场和绿地的场地形状及为方便人的可达性，设计了供人们步行的步道，并设置了景观、水地等景观，结合不同的绿地化，富海开放空间吸引更多外来人员的到来。

开放空间

主要街道剖面

剖面1-1

琴弦步道

凉水休闲

绿皇广场

停车场

城市绿地

节点意向

北方四校联合城市设计——首钢主题 2015

规划缘起：
首钢工业区位于北京石景山区中部、中心城区西侧边缘，长安街西延线端部。西南一侧沿永定河，与门头沟新城隔河相望，首钢搬迁对城市经济、产业格局、城市形态都有重大的影响。为避免首钢全部停产后出现的断档期对地方经济、就业等产生巨大影响。对有条件的地段，先行发展，对指导首钢工业区搬迁后的产业发展有着重大的作用。

方法论：

首钢	区位论	本体研究
文创	功能论	专题研究
中心	角色论	定位研究
	研究方法	研究过程

一 背景分析 CONTEXT

1 区域背景

1.1 "十一五"规划提出"深化京津冀都市圈合作与协作建设"

首都经济圈

"十一五"规划中关于"深化京津冀都市圈合作与协作建设"的精神，要求北京作为城市核心发展引领的角色更加凸显。
然而"北京自然资源严重匮乏，能源供应也比较紧张，人口规模膨胀与资源约束矛盾愈加剧"。后工业社会的兴起，首钢工业区钢铁制造业作为传统工业迁离北京，带来了大片空间和失业人员，其更新改造影响到整个北京市和石景山区的长远发展。

1.2 北京市城市空间的发展战略："两轴"、"两带"、"多中心"

北京城市结构

北京的四大定位：国家首都，世界城市，文化名城，宜居城市，要求加快建设资源节约型、环境友好型社会，真正实现可持续发展的和谐社会，建设创新型产业平台，促进人口健康发展的城市。北京欲实现两轴、两带、多中心的功能结构，基本原则是"旧城有机疏散；城市战略转移；村镇重新整合；区域协调发展"。

1.3 北京市城市空间结构与基地关系

- 周边园区
- 首钢片区
- 中心古城

北京发展确立了10个边缘生活集团，拒绝"摊大饼"模式。首钢片区位于长安街西延线端部，与周边园区共同形成城市级次中心，具有重要的象征意义。规划后首钢工业文化创意产业将成为北京西部新亮点并成为永定河生态区域的重要节点。

2 区域交通

2.1 区域交通综述

区域交通

北京市交通格局：
环形放射式道路网
由若干条放射式主干道和若干条环行线组成
1 矩形环网
2 高速路网
3 内部路网

北京市道路多以环线为依托，与经纬线平行网状分布。

2.2 道路交通&轨道交通

道路与轨道交通

至海淀、昌平新城
至石景山、海淀
至中心城
至丰台南、房山新城
至丰台、朝阳

首钢片区介于五环与六环之间位于西长安街延长线，通达主城。

3 区域生态

- 永定河
- 湖泊
- 污染区域
- 石景山

区域生态状况

3.1 永定河水系

永定河纵贯门头沟全区，流域面积1390余平方公里，两岸峡谷纵横群山耸立，109国道百余里，傍岸而行，珍珠湖等旅游景点点缀其间，形成百里旅游带。

3.2 石景山风景区

耸立在永定河畔的石景山上寺庙林立，碑碣荟萃，别具一格。大戏台别具一格。一名石景人大处，宛如七星北斗镶在卢师、平坡、翠微山三山之间大放异彩。

3.3 群名湖景观

群名湖坐落在首钢主厂区中部，占地面积10万平方米，由高炉循环水池、高炉水池，占地面积10万平方米，由牌楼、亭榭、廊桥相连成面，湖边冷却塔、煤气等工业设施，工业特色鲜明。

3.4 污染区域

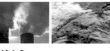

群名湖坐落在首钢主厂区中部，占地面积10万平方米，由高炉循环水池、高炉水池，占地面积10万平方米，由牌楼、亭榭、廊桥相连成面，湖边冷却塔、煤气等工业设施，工业特色鲜明。

4 区域文化

4.1 老北京文化

北京是有着三千年历史的国家历史文化名城。在历史上曾为六朝都城，建造了许多宏伟壮丽的宫廷建筑，使北京为拥有帝王宫殿、园林和陵墓数量最多，内容最丰富的城市。而同时又有着四合院和胡同、京剧等极具特色的文化符号。

4.2 石景山文化

石景山区在充分利用历史遗存的自然、人文景观发展旅游事业的同时，为适应人们旅游新时尚，十分重视游乐与服务设施的开发建设，先后建立了融高科技游乐器械、现代化园于一体的石景山游乐园，形成完善的石景山文化体系。

4.3 首钢文化

首钢位于北京市石景山区永定河畔，石景山脚下。区域内集工业文化、钢铁科普、绿色环保、现代艺术、观光旅游等主题内容于一体，突出区域文化的象征与性和实践性。

5 区域产业

5.1 区域经济比较

2014年北京市各区县GDP和人均GDP排名

GDP排名	区县	2013年GDP	2014年GDP	2013年常住人口	人均GDP	人均GDP	人均GDP排名
3	西城区	2578.6亿元	2800亿元	130.3万	214888.72元	34697.53美元	—
1	东城区	1447.9	1565	90.9	172167.22	27799.40	2
6	顺义区	1103.2	1223.2	98.3	125350.97	20240.10	3
4	海淀区	3497.9	3831	357.6	107130.87	17298.15	4
5	朝阳区	3627.7	3920	384.1	102056.76	16478.84	5
8	大兴区	1215	1345.1	150.7	89256.80	14412.07	6
12	石景山区	343.8		64.4	56677.02	9151.49	7
11	怀柔区	186.5	200.4	38.2	52460.73	8470.70	8
10	房山区	449.2	490	101	48514.85	7833.57	9
7	丰台区	922.5	1007.8	226.14	4573.20	7197.12	10
15	密云县	163.7	196.3	47.6	41239.50	6658.83	11
16	门头沟区	115.53	124.2	30.3	40990.10	6618.57	12
14	平谷区	153.2	168.5	42.3	39828.91	6427.22	13
13	通州区	450.52	502	132.6	37855.26	6112.87	14
9	昌平区	504.7	550	188.9	29115.93	4701.27	15
2	延庆县	83.52	91.3	31.6	29028.22	4886.67	16
	北京全市	17801	19500.6	2114.8	92210.14	14888.93	

2015年1-5月石景山区经济发展现状

一、主要经济指标呈现"两高一低两平稳"的发展态势
1 需求领域发展向好 2 经济效益明显提升 3 工业生产表现分化

二、结构调整中呈现新特点
1 新兴业态消费增长快速发展，如互联网零售、计算机、软件及辅助设备零售。
2 商品房销售中保障房占主体。

三、存在的主要问题
1 高端工业引领作用有待加强。现代制造业低耗能高附加值的工业产业是未来工业发展的重要突破点。
2 汽车和百货等常规销售行业在新常态下需有所突破才能有新的发展。
3 旅游业发展潜力有待挖掘。

5.2 区域功能分析
基于对首钢经济发展脉络的深入解读，综合研究区域发展格局，统筹比较其发展优势与不足。本着与北京市及石景山区发展定位相衔接的原则，有利于首钢工业区及周边土地增值的原则，有利于首钢企业职工安置的原则，把石景山区建成自主创新推动、产业集群发展、生态环境良好的现代化新城区。石景山区功能定位：
创新、产业、生态——研发制造基地、现代服务中心、生态居住休闲区

5.3 首钢周边产业园区

1 北京航天测控科技产业园
2 丽贝亚集团设计产业园
3 视得清电子产业园

5.4 相关文创区研究

纽约SOHO区：世界十大创意艺术区之一
园区产业定位1.以艺术经营为龙头2.以时尚产业为特色
园区经验
工业遗产再利用使SOHO区保留了独特的历史风貌
非政府组织对SOHO区的存留和发展至关重要
入驻商家对艺术性的自觉保持使SOHO区成为独特的艺术区

台北华山1914：台湾最著名的创意艺术区
园区经验
城市文化怀旧的建筑与环境，实现了新与旧的结合
全年无休、种类多样的表演和展览
以"酷"、"玩"为主的精准定位，吸引大量人群
众多明星在园区开店铺，带来明星效应

韩国Heyri艺术村：世界十大创意艺术区之一
Heyri艺术村的成功关键要素分析
其有艺术气息的不同风格的建筑成为Heyri艺术村的重要吸引力
全年无休的文化活动成为艺术爱好者学习和交流的集聚地
艺术全产业链模式、产业研一体化的保障机制
韩国的"文化立国"战略大力支持Heyri艺术村的规划

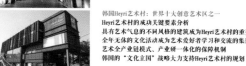

共性
良好的交通区位
丰富的景观优势
功能的多元综合
容积率相对较低

6 小结——首钢将发展为怎样的文创区？

| 功能复合 | 科技引领 | 文化提升 | 生态引导 |
| | | | |

规划适应现代大都市郊区的多功能复合发展趋势和要求，结合文创产业对发展定位和发展规划的需求，强调功能集聚与联系互动，增强城市活力。

规划应充分发挥首钢工业遗产丰富的资源优势，真正实现对土地有效更新和集约化，服务产业高端化。

规划应注重对地区文化特色的提炼、提升，在延续地方文脉的同时，注入适应现代都市工作和生活的文化新元素，以智慧为核心，吸引高素质人才和高端科技企业人才。

规划应结合在郊区优良的生态景观资源为目标，通过构筑优美的绿化景观环境，带动地区品质提升，吸引追求环境品质的企业和个人。

二 专题研究 TOPIC STUDY

1 文化创意产业园专题研究

1.1 现代文化创意产业园发展趋势

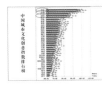

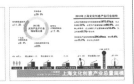

主城创意产业园区　　　　近郊文化创意园区

道路交通
轨道交通

随着文化产业快速增加，创意产业业态领域迅速扩张。
伴随经济发展方式快速转变，创意产业集聚区（园区、基地、广场）方兴未艾。（北京、上海、深圳最具代表性）。
伴随中心城区现代服务业功能的增强，创意产业正在成为增强城市竞争力的新亮点。
伴随西部大开发的深入发展，创意产业在核心城市显特色。
伴随着政府对创意产业的扶持政策力度加大，助推文化创意产业极具特色。

1.2 现代文化创意产业园多级模式

商务 居住 产业　居住外迁　产业外迁　新核生成

现代文化创意产业园多级模式

文化创意功能引领城市多、次中心体系构筑。
城市多中心的实现需要文化创意中心的引领，让文化艺术等产业从传统的城市中心地带扩散到城市多个区域，有利于解决就业问题，缓解交通压力，减少通勤。
文化创意产业的多极化发展趋势
大都市文化创意功能逐渐向多中心移动，城市的网络化、多中心化将成为必然趋势，可缓解均质发展，中心城过度集中。
中心城与都市并存的文化产业集群
城市化之都市化并存的文化产业集群，仍然是文化、艺术、创意产业最理想的基地之一，尤其是在提供服务性、高端性的企业来说是最理想的场所。

1.3 现代文化创意产业结构解析

北京市2004-2007年文化创意产业增加值统计表

项目	增加值			平均增长率	占GDP比重%		
	2007	2006	2005		2007	2006	2005
文化创意产业	992.6	812.1	700.4	17.44%	10.6	10.3	10.2
文化艺术	39.4	35.6	32.0	10.56%	0.4	0.5	0.5
新闻出版	140.9	134.2	114.7	11.00%	1.5	1.7	1.7
广播电视电影	102.1	73.2	77.9	16.27%	1.1	0.9	1.1
软件计算机类	429.9	333.0	265.0	27.38%	4.6	4.2	3.8
广告会展	57.7	48.1	50.5	7.60%	0.6	0.6	0.7
艺术品交易	10.4	8.4	8.6	10.74%	0.1	0.1	0.1
设计服务	105.3	81.8	75.1	18.83%	1.1	1.1	1.1
旅游、休闲娱乐	51.4	48.8	38.0	16.82%	0.6	0.6	0.6
其他辅助服务	55.5	49.0	38.6	20.10%	0.6	0.6	0.6

各行业均保持较高增长速度。创意产业的平均增长率已达到17.44%

北京市2007年文化创意产业内部结构分析表

行业名称	就业人数	占劳动人口比重（%）	行业产值	行业产值占GDP比重（%）	产业结构偏离度	产业比较劳动生产率
文化艺术	23485	0.4065	39.4	0.4212	-0.0147	1.0362
新闻出版	59129	1.0235	140.9	1.5064	-0.4829	1.4718
广播电视	19855	0.3437	102.1	1.0916	-0.7479	3.1761
软件计算机	271240	4.6951	429.9	4.5962	0.0989	0.9789
广告会展	170542	2.9520	57.7	0.6169	2.3351	0.2090
旅游、休闲	15383	0.2663	51.4	0.5495	-0.2833	2.0638

1.4 近郊文化创意产业发展要求

交通需求广泛

步行　轻轨　城市快速路　城市内部
航空　高速公路　创意产业中心
城市外部　铁路　非机动车　地铁

虚拟园区开始快速发展
在互联网结合线下实体园区，做好线上虚拟园区经营，相互补充，相互促进。

国际化探索涌现
在国家重视、某些企业的带动下，更多的企业在海外建立文化创意产业园区。

围绕文化创意产业生态体系建设
根据园区自身特点和情况，建设产业生态，形成良好的产业发展环境和氛围。

---

2 地段功能定位&产业策划

2.1 地段区域内上位规划定位于文化创意产业园区

数字娱乐　工业旅游　研发设计　艺术品交易

2.2 各规划条件下文化创意产业项目定位

地区规划	产业项目
北京市文化创意产业分类标准	文化艺术、新闻出版、广播电视、电影、软件、网络计算机、广告会展、艺术品交易、设计服务、旅游、休闲娱乐、其他辅助服务等
石景山"十二五"时期文创发展规划	重点发展：旅游休闲、数字娱乐、设计服务 统筹发展：会展广告、文艺演出、新闻出版
首钢主厂区——大力打造"一核"	设计研发、工程设计、工业设计、工业博览、工业旅游、大型会展中心设施、文化创意企业

重点产业项目：设计服务、体闲娱乐、广告会展、工业博览等。

2.3.1 北京市统计局——上述文化创意产业北京市收入与从业人员情况

2013年1-12月

项目	收入合计（亿元）		从业人员平均人数（万人）	
	2013年1-12月	同比增长（%）	2013年1-12月	同比增长（%）
文化艺术	164.9	7.1	3.7	1
新闻出版	799.7	8.5	10.6	-0.7
广播、电视电影	666.4	9.2	4.8	1.2
软件、网络等服务	3849.0	9.2	52.4	4.8
广告会展	1105.1	3.7	6.5	2.1
艺术品交易	985.4	7.8	1.3	5.2
设计服务	400.9	5.0	8.3	5.7
旅游、休闲娱乐	873.8	11.0	8.3	-0.7
其他辅助服务	1176.8	3.9	8.8	-4.8
合计	10022.0	7.6	104.7	2.5

2014年1-12月

项目	收入合计（亿元）		从业人员平均人数（万人）	
	2014年1-12月	同比增长（%）	2014年1-12月	同比增长（%）
文化艺术	189.9	8.5	3.7	-0.7
新闻出版	792.5	0.4	10.0	-2.5
广播、电视电影	771.2	11.6	4.8	0.7
软件、网络等服务	4346.6	11.2	56.3	2.9
广告会展	1214.3	2.2	6.6	-4.2
艺术品交易	973.6	17.1	1.2	11.7
设计服务	428.8	6.9	8.3	12.3
旅游、休闲娱乐	972.2	7.4	9.0	4.7
其他辅助服务	1339.9	15.2	8.5	-3.0
合计	11029.0	9.5	109.7	2.3

2015年1-8月

项目	收入合计（亿元）		从业人员平均人数（万人）	
	2014年1-12月	同比增长（%）	2014年1-12月	同比增长（%）
文化艺术	131.3	1.0	3.7	-2.1
新闻出版	429.2	-3.1	9.8	-2.7
广播、电视电影	471.6	5.6	5.1	0.6
软件、网络等服务	2802.5	10.0	60.7	3.4
广告会展	790.5	-3.6	6.5	-4.2
艺术品交易	462.4	-7.1	1.2	-0.2
设计服务	233.5	2.9	8.4	8.4
旅游、休闲娱乐	624.2	13.3	8.4	2.8
其他辅助服务	1054.9	7.3	8.5	-1.4
合计	7000.0	5.1	113.6	1.1

2.3.2 北京市文化创意产业收入（上）与从业人员（下）情况

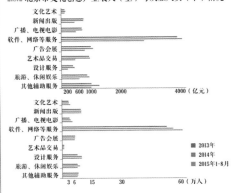

文化艺术
新闻出版
广播、电视电影
软件、网络等服务
广告会展
艺术品交易
设计服务
旅游、休闲娱乐
其他辅助服务
200 600 1000 2000 4000（亿元）

文化艺术
新闻出版
广播、电视电影
软件、网络等服务
广告会展
艺术品交易
设计服务
旅游、休闲娱乐
其他辅助服务

■ 2013年
■ 2014年
■ 2015年1-8月

3 6 15 30 60（万人）

2.4 北京、上海著名文化创意产业区功能优势对比

名称	功能
同乐坊	娱乐、生活休闲、艺术创意、时尚创意
田子坊	视觉艺术、工艺美术、室内设计、休闲娱乐
红坊	雕塑艺术中心、多功能会议区、艺展中心
8号桥	影视制作、艺术家工作室、休闲娱乐
创意仓库	多媒体制作、软件开发、视觉艺术、建筑设计、景观设计
昂立创意园	科技教育、工业设计、商务办公、会所、餐饮
传媒文化园	网络计算机、卡通动漫、工业设计、影视摄影
M50	艺术家工作室、平面设计、影视制作、环境艺术
798	交易展馆、画廊、艺术家工作室

园区吸引点：交通便利、人才资源丰富、环境优美、文化氛围浓厚、文旅结合、园区有政府协助、不完全依赖经济行为等

2.5 功能定位

以北京市——石景山区——首钢片区的创意产业区功能定位为基础
以北京市统计局对北京市文化创意产业2013年～2015年8月的统计数据为依据
以北京、上海等具影响力的文化创意产业园区内部功能为借鉴

本案重点推动以研发设计、工程设计、工业设计等今年产值略有下降的工业设计的扶持为主导

以发展较好的工业旅游、文化艺术为优势，带动娱乐、艺术品交易相关产业回升

以生态、可持续发展理念设立生态研究、展示休闲区，展示首钢绿色生态的相关发展理念

三 现状分析&上位规划解读 SITE STUDY

1 土地利用现状

■ 水体景观
■ 商业用地
■ 村落用地
■ 主线生产用地
■ 生活配套用地
■ 文化配套用地
■ 行政办公用地
■ 次线生产用地
■ 生产仓储用地
■ 生产运输用地
■ 生产市政用地
□ 设计用地范围
□ 总工业区范围

现状土地利用情况为以工业用地与市政用地为主，有少量村落和文化生活配套设施用地，现阶段首钢工业区正在拆迁改造中，厂区北端局部已改造为旅游用地。

2 污染土分布

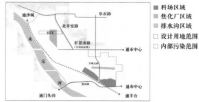

■ 料场区域
■ 焦化厂区域
■ 排水沟区域
□ 设计用地范围
□ 内部污染范围

首钢内部污染区域主要有三部分，而基地内部现存的污染主要为焦化厂产生的工业废弃对土壤的污染，主要污染物为多环芳烃，是典型的持久性有机污染物，特别强调在治理污染过程中不要产生二次污染。

3 保留项目分布

■ 仓储建筑
■ 办公建筑
■ 生产加工建筑
■ 后勤服务建筑
■ 能源生产建筑
■ 文物保护建筑
□ 设计用地范围

首钢内部有多类、多处强制保留建筑，其中基地内有三处强制保留项目，在设计过程中应考虑针对保护建筑的开发与利用。

4 自然环境评价

■ 需要保留环境
■ 可以保留环境
□ 设计用地范围
□ 厂区占地范围

以现存自然环境的完整度和舒适度等标准为衡量指标，通过对厂区自然环境整体的评价分析，划分出需要保留和可以保留两类环境等级。

5 现状概况

首钢距北京市中心天安门只有17公里，周边交通发达。在首钢运转期间集中了焦化、烧结、炼铁、炼钢和轧钢等高耗能、高耗水及高排放的生产工序，首钢产能与产业规模的不断扩大，对北京市区空气环境质量产生了巨大的负面影响，终于在2010年首钢工业区全面停产。

6 道路系统规划

■ 支路
■ 次干路
■ 城市快速路
□ 基地范围

7 功能分区规划

■ 行政中心
■ 工业主题园
■ 文化创意园
□ 基地范围

8 建筑高度规划

■ <12米
■ 18米-30米
■ 45米-80米
■ 工业原貌区域
□ 基地范围

9 土地使用强度规划——容积率

■ <1.2
■ 1.2-2.5
■ ≥2.5
□ 基地范围

基地条件分析

优势：良好的景观条件；靠近城市快速路；地段内有大量工业遗产。
劣势：轨道交通的不便性；限制因素有污染土等；产业结构仍需调整。
机遇：大部分设备已经拆迁完毕，为加快首钢地段更新发展提供了可能。
挑战：地段位于北京，面临国际化竞争，竞争相对激烈。

方案阐释

鸟瞰图

规划结构

规划设计将地段及周边文创区作为一个完整的有机体进行考虑，通过文化展览区、生态科研区、中央商务区及创新设计区带动周边建设，并以步行系统中轴线，形成"三点一线四面、点线面结合"的规划空间结构，体现了自然与人工、休闲与商务、密集与疏散的有机结合。

城市界面

建筑剖面

四 规划构思 CONCEPT

1 规划理念

生态依托 ECOLOGY	智力创新 INNOVATION	文化休闲 RECREATION

清洁能源	科技教育	文化博览
防霾除尘	研发体验	工业体验
雨水收集	商务办公	创意钢铁
生态建筑	艺术创作	健康休闲

未来首钢文创园区核心启动区功能构成的
三元互动机制

2 规划策略

2.1 经济：土地价值上升，开发密度递增 ➡ 产业结构优化

2.2 就业：外来人口增加，下岗工人成群 ➡ 现代服务提升

2.3 设施：厂区对外开放，需求公共设施 ➡ 综合保障改善

2.4 生态：工业三废排放，环境有待整治 ➡ 生态景观引导

2.5 记忆：厂区向外迁移，城市记忆缺失 ➡ 文化注入共享

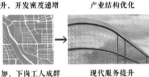

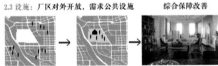

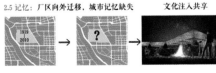

由社会需求推导出，基地应是一个商业、产业、休闲、文化展馆等多种功能的集合体。

3 策划目标

规划整合首钢地区的禀赋要素，融入创新发展要素，在未来文创区发展的三元互动机制的引导下，通过对区域发展的整体研判和功能定位，结合现状提出五点策略，最终得出本次规划的目标定位：

生态引力区——环境友好亲和，生态持续发展的魅力之源

商娱活力区——综合城市配套，功能复合多元的活力之源

创智动力区——知识经济主导，自主发展创新的动力之源

文化魅力区——历史遗产汇集，注入精神价值的文化之源

4 目标定位

北京市现代服务业聚集地
石景山科研企业总部基地
首钢地区级公共活动中心

5 规划结构

5.1 产业结构生成过程

商务娱乐休闲区

定位片区位处整个文创区中心，作为交通、景观、资源等集聚点，故定位于商娱区。

研发设计区
工业设计用地
教育科研用地

该片区东北向功能定位于教育科研用地，为形成产学研一体化，并结合前期产业分析，故定位于研发设计区。

广告会展区
艺术活动区

该片区景观条件优越，便于艺术家等交流活动并结合产业定位，故将艺术文化区定位于此。

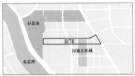

生态研发设计区

该片区位于污染土区域，主导研发生态有利于改善首钢片区环境状况，并结合产业定位，故将生态研发设计区定位于此。

市政公共设施区
辅助设施区
行政办公区

上位规划用地规划，参考上位规划，如图定位。

5.2 产业结构分区

- 工业主题园
- 生态研发设计区
- 中央商务娱乐休闲区
- 广告会展区
- 研发设计区
- 市政公共设施
- 艺术活动区
- 辅助设施服务区
- 工业及工程设计区
- 行政办公区

5.3 设计构思

基地总览 | 参考上位规划分用地 | 建筑的全生命周期——部分保留现状

基地内部要素限定开放空间 | 基地外部要素限定开放空间 | 确定步行控制轴线串联工业建筑

退红线 | 根据建筑功能切分建筑体量 | 完善绿化景观系统

确定建筑高度变化趋势 | 细化新旧建筑组合关系 | 改造昔日运输管道为观景连廊

地下车库及出入口定位 | 周边建筑体量定位 | 最终效果

5 京西首钢后工业时代更新发展地段城市设计

THE CAPITAL STEEL INDUSTIAL DISTICT UPDATED URBAN DESIGN

五 方案综述 PLANNING

1 总平面图

8 40 80M

北辛安路

群名湖

2 建筑高度

■ 24M+
■ 16-24M
□ 0-16M

基于功能与景观视线控制建筑高度起伏变化

3 主要建筑功能

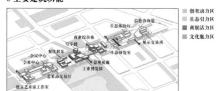

□ 创智动力区
□ 生态引力区
■ 商贸活力区
■ 文化魅力区

业态分布状况

地块	用地性质	容积率	建筑面积(平)
A	文化展览	1.5	60000
B	商业娱乐	1.9	85200
C	生态研发	1.5	37800
D	创新设计	2.5	48600

4 建筑基于城市空间开放程度

□ 开放
■ 半开放
■ 半私密
■ 私密

建筑开放程度基于城市空间呈现有节奏的变化

5 开发强度

■ FAR>3.0
■ FAR 2.0
□ FAR 1.0
□ FAR<1.0

6 天际线

设计原则:
根据功能定位地段内东、西、中三个节点高度较高;
弥补工业景观天际线的空缺;
参考上位规划建筑高度。

160M

80M

16M
0M

7 局部空间透视图

入口广场

中央步行道

中央广场

西部广场

六 建筑意象 IMAGE

1 建筑意象

跨街廊道

中央商务区

文化交流区

会展中心

2 管架改造

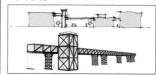

160M

80M

16M
0M

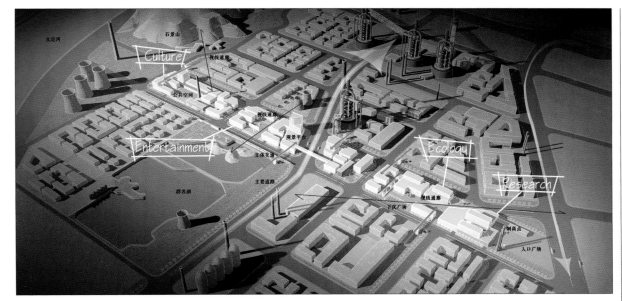

2 绿地景观系统规划

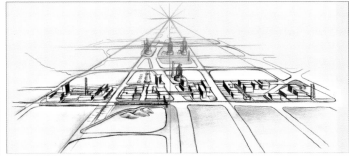

2.1 绿地系统规划

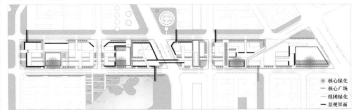

本案绿地景观规划，通过多元化绿地元素的叠加，提升整体基地环境品质。
1 通过绿化的全面种植，创造建筑景观的均好性，视线绿化的网格化布局
2 通过多样化植被的种植，创造惠及四季的多样化绿色景观
3 建筑自身的生态节能，环境处理技术与整体绿地系统实现结合，形成有机绿色利用

2.2 景观均好性分析

中央区域有丰富的湖景资源，主要高层建筑面临布置，提供了充分的观景面。

周边等其他小区域享有临街绿化带来的景观效果和小广场带来的景观效果。

大部分建筑还是整体围合出核心绿化景观广场，建筑环绕，充分满足了大部分建筑的景观。

主要路口的建筑、基地边界部分建筑以体验城市景观为主，包括街道广场绿化以及周边热闹的各种氛围。

2.3 景观节点设计

 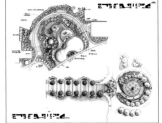

七 系统布局
SYSTEM LAYOUT

1 原厂区工业建筑更新系统规划
1.1 更新方式

分期增建新建筑物，最后将旧建筑拆除

1.2 操作方法

新建筑物兴建于原有建筑物上方

变原有建筑物为新用途，并扩建新建筑物

新建筑物平面形式协调原有建筑物平面形式

新建筑物外部空间配合原有建筑物外部空间

1.3 具体设计

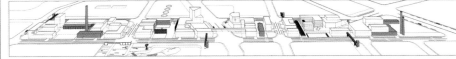

变原污水处理车间为展厅、书吧等，并扩建新建筑

保留原生产建筑外墙面，新建筑配合原建筑外部空间。

新建筑物兴建于原第五铜粉厂上方，共做会展中心使用。

3 环保技术系统规划——关于建筑外立面的空气&土壤净化

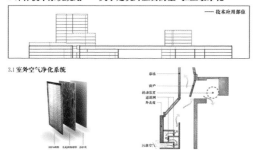

—— 技术应用部位

3.1 室外空气净化系统

高效过滤网是由HEPA材料、大孔树脂材料等材料按序装配成。HEPA材料主要吸附悬浮空气中较大颗粒物；大孔树脂材料能够固化吸附工业生产的多种不良气体产生的有害气体；活性炭去除空气中异味。这三层过滤网的吸附过滤作用，可有效保证进入室内的空气质量。

3.2 室内外空气循环系统

室外空气通过净化系统进入通风道，在空气转换装置的作用下，通过内层幕墙的上侧有序进入室内。再通过内层幕墙的下侧有序排出室外。从而形成空气对流，有效保证室内空气的持续清新。

3.3 过滤设备自助清洗系统

随着过滤网的长时间使用，过滤网上的灰尘会逐渐增多，从而大大减弱过滤网的过滤吸附功能。为了保证过滤网的高效运作，为其设计了自助清洗系统。工作人员可方便地控制该装置运行。工作原理：在内层幕墙相应部位上，配有喷雾清洗装置，内部成分主要为水及有机环保清洁剂，将高效清洁剂充分化可以与过滤网上的灰尘以及有机的接触，从而有效除掉新生成颗粒。

4 交通系统规划

4.1 首钢文创区人口容量预测

使用性质	工业办公	商品交易	会展中心	商业办公	博览中心	商业娱乐
建筑面积(平方米)	30160	10000	56100	8760	47300	54000
就业人口(人)	900	333	2000	300	1500	1800

结论：办公类、会展类、博览类、商业娱乐提供较多的就业岗位、交易类由于就业性质独特提供就业岗位有限。
基地内早高峰人流交通量为3637人次。车流量为426PCU；晚高峰人流交通量为2548人次，车流量为305PCU。

4.2 交通疏解能力评估

地铁

时期	线数	输送能力（每小时）	可用率%	可用输送能力（每小时）
平时	1	1×2×30000	30-40	18000-24000
高峰时	1	1×2×30000	55-65	33000-39000

公交（文化创意产业园区内设置一个公交站点）

时段	类型	频度/小时	满乘率	乘客数
平时	公汽	30	80	2400
合计		30		2400
高峰	公汽	60	100	6000
合计		60		6000

其他

出租车/私家车:平时数量时乘坐三人，高峰时段数量乘坐3.5人，则平时客流的运送能力为10050 - 14175；高峰时段的客流运送能力为22400 - 27300，自行车和摩托车的流量约为1000，高峰为2000。

总计

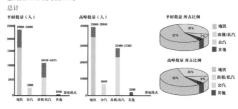

结论：地铁承担52%-57%的客流，出租车/私家车承担31%-35%的客流；项目周边的交通处理能力可以满足高峰时的交通疏散要求。

4.3 停车场规划

由《全国建筑工程设计措施规划、建筑2011》、《汽车库、修车库、停车场设计防火规范》、《城市道路交通规划设计规范》、《停车场规划设计规范》得出

类别	单位停车数	车位数
办公楼	每100平	0.40-0.65
商业点	每100平	2.50-4.50
展览部	每100平	0.70-2.50
餐饮		1.70

地面、地下 停车单位面积（平方米）	
类别	单位面积
地上	30-35
地下	35-40

基地内各地块所需停车个数与面积

类别	停车数	面积	停车数	面积	停车数	面积	停车数	面积
合计	429	17160	400	16000	800	32000	700	28000
办公	155	6200	120	4800	0	0	450	18000
展览	214	8560	154	6160	0	0	150	6000
商娱	60	2400	126	5040	470	18800	100	4000
					330	13200		

结论：基地内的停车面积需要考虑增部进入通道和人流所需的富余空间，其按富余5%计算，则停车面积需求增加到40500平方米。

停车组织：地下为主、地面为辅

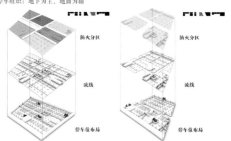

4.4 街道性质划分&道路组织

步行系统

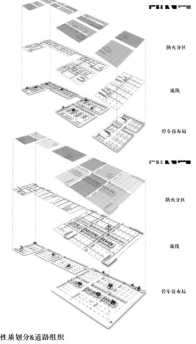

道路等级

■	城市主干路
■	城市快速路
■	城市次干路
■	服务性街道
■	地块性街道
◎	公交车站

服务性街道主干道、湖畔道路、规定的服务性街道为项目的服务性入口和地下停车库的入口。
地块性街道是基地内部城市次干路，地块性街道为主要的建筑地块所在道路。

整个园区为各街道设计了清楚的流线和导向。布置了建筑入口点和下车处，确定地下车库的出入口。

防火分区

流线

停车位布局

基地南侧服务性街道剖面

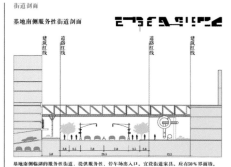

基地南侧临湖的服务性街道。提供服务性、停车场出入口，宜设街道家具，应有50%界面墙。

基地北侧地块性街道剖面

基地北侧的城市次干路，也是地块性街道，界定了主要建筑的入口点，首层店铺功能和街道家具可使用活动，主要建筑的出入口。西侧空中连廊进行连接，宜设街道家具，有70%界面墙。

基地内部服务性街道剖面

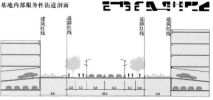

基地内部设有两条南北向的服务性街道。提供停车场和出入口，这两条街道提供少量部分道边停车区域，两边设有较小宽度的绿化性线线。应有50%的界面墙。

基地内部南北向城市次干路剖面

唯一一条穿过基地内的城市次干路（基地中最高级别），两侧布置较大面积的人行广场和绿化性线线道路。北道路不设服务性入口和地下停车场出入口，保证道路的交通通畅度，整个园区内唯一的公交站点设设立在此道旁。两侧宜设街道家具，应有70%界面墙。

8 京西首钢后工业时代更新发展地段城市设计

THE CAPITAL STEEL INDUSTIAL DISTICT UPDATED URBAN DESIGN

八 城市设计导则 PLANNING

A地块

地块控制指标				
地块编号 指标	A-01	A-02	A-03	A-04
用地性质代码	G1	C 23	C 34	G1
用地性质	公共绿地	商务办公用地	居卖用地	公共绿地
用地面积(万)	0.4	0.87	1.84	0.34
容积率	—	2.5	2.24	—
建筑密度(%)	—	60	55	—
建筑限高(M)	—	40	20	—
配置车位(个)	—	73	74	—
绿化率(%)	90	15	16	60
备注				

设计导则
① 公共绿地，宽度6-10米，提供多树荫下的休憩空间。
② 消防通道不小于6米。
③ 穿过建筑的消防通道。
④ 建筑高度上限为40米。
⑤ 保留建筑与新建筑结合，生态节能设计。
⑥ 会议办公建议屋顶绿化，注意西侧表皮设计考虑景观。
⑦ 建筑围合主要的开放空间（休闲广场）。
⑧ 东南侧建筑的南表皮设计考虑南侧景观。

元素
水域　树木
地面　建筑
景观小品　路灯

材料
玻璃(50%)
水泥墙(25%)　石材(5%)
红砖(10%)　金属(10%)

说明
1.水质特征：在人群集中的广场设供人嬉乐玩乐的景观喷泉（室内也可）。
2.树种特征：绿化以乡土树种为主，如雪松、槐树、栾树。
3.街道铺装种类：铺地选用大小结合形态自由灵活的石材，呼应地块功能之活跃。
4.建筑特征：建筑立面结合工业遗迹进行设计。
5.建筑材料：立面以玻璃为主，使用面积占50%，其余为水泥面25%、红砖10%、金属10%、石材5%。
6.街道公共设施：此地块设施集中布置，以保证核心广场的活力。
7.街道灯光：满足总体安全需要，营造通往广场向心感。

B地块

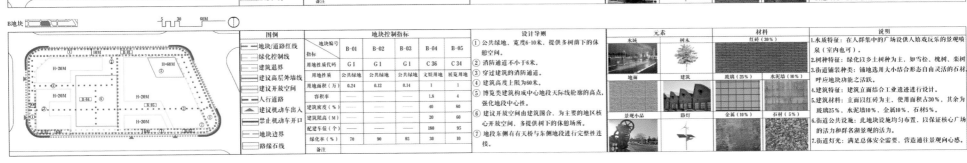

地块控制指标					
地块编号 指标	B-01	B-02	B-03	B-04	B-05
用地性质代码	G1	G1	G1	C 36	C 34
用地性质	公共绿地	公共绿地	公共绿地	文娱用地	展览用地
用地面积(万)	0.24	0.12	0.14	1	1
容积率	—	—	—	1.8	4
建筑密度(%)	—	—	—	40	80
建筑限高(M)	—	—	—	20	60
配置车位(个)	—	—	—	180	95
绿化率(%)	70	90	85	30	10
备注					

设计导则
① 公共绿地，宽度6-10米，提供多树荫下的休憩空间。
② 消防通道不小于6米。
③ 穿过建筑的消防通道。
④ 建筑高度上限为60米。
⑤ 博览类建筑构成中心地段天际线轮廓的高点，强化地段中心性。
⑥ 建议开放空间由建筑围合，为主要的地区核心空间及多提供树下的休憩空间。
⑦ 地段东侧有有天桥与东侧地段进行完整性连接。

元素
水域　树木
地面　建筑
景观小品　路灯

材料
红砖(30%)
玻璃(25%)　水泥墙(10%)
金属(10%)　石材(5%)

说明
1.水质特征：在人群集中的广场设供人嬉乐玩乐的景观喷泉（室内也可）。
2.树种特征：绿化以乡土树种为主，如雪松、槐树、栾树。
3.街道铺装种类：铺地选用大小结合形态自由灵活的石材，呼应地块功能之活跃。
4.建筑特征：建筑立面结合工业遗迹进行设计。
5.建筑材料：立面以红砖为主，使用面积占30%，其余为玻璃25%、水泥墙10%、金属10%、石材5%。
6.街道公共设施：此地块设施均匀布置，以保证核心广场的活力和各景观的活力。
7.街道灯光：满足总体安全需要，营造通往景观向心感。

C地块

地块控制指标			
地块编号 指标	C-01	C-02	C-03
用地性质代码	G1	C21	C24
用地性质	公共绿地	商业用地	服务业用地
用地面积(万)	0.46	0.63	0.60
容积率	—	3.0	1.9
建筑密度(%)	—	58	48
建筑限高(M)	—	36	16
配置车位(个)	—	188	100
绿化率(%)	65	5	5
备注			

设计导则
① 公共绿地，宽度6-10米，多提供树下的休憩空间。
② 消防通道不小于6米。
③ 穿过建筑的消防通道。
④ 建筑高度上限为36米。
⑤ 商业建筑设计结合本地形布置，结合活动空间及结合吸引人的行为设计法。
⑥ 商业类构成中心地段天际线轮廓的高地，强化地段的中心性。
⑦ 变角小广场连接道路，形成缓冲空间和对南侧景观的视线联系。

元素
水域　树木
地面　建筑
景观小品　路灯

材料
金属(30%)
红砖(30%)　玻璃(20%)
水泥墙(15%)　石材(5%)

说明
1.水质特征：在人群集中的广场设供人嬉乐玩乐的景观喷泉（室内也可）。
2.树种特征：绿化以乡土树种为主，如雪松、槐树、栾树。
3.街道铺装种类：铺地选用大小结合形态自由灵活的石材，呼应地块功能之活跃。
4.建筑特征：建筑立面结合工业遗迹进行设计。
5.建筑材料：立面以金属为主，使用面积占30%，其余为水泥面15%、红砖30%、玻璃20%、石材5%。
6.街道公共设施：此地块设施分散布置，以保证不会对群明湖景观造成视觉影响。
7.街道灯光：满足总体安全需要，营造通往湖景向心感。

D地块

地块控制指标			
地块编号 指标	D-01	D-02	D-03	D-04
用地性质代码	G1	M1	M1	S H
用地性质	公共绿地	一类工业	一类工业	干十路用地
用地面积(万)	0.82	2	1.5	1.5
容积率	—	1.7	3	—
建筑密度(%)	—	40	70	—
建筑限高(M)	—	24	36	—
配置车位(个)	—	144	260	—
绿化率(%)	55	20	3	45
备注				

设计导则
① 公共绿地，宽度6-10米，多提供树下的休憩空间。
② 消防通道不小于6米。
③ 穿过建筑的消防通道。
④ 建筑高度上限为36米。
⑤ 污染土挖空处理后的小型广场花园。
⑥ 建议建筑合出公用体闲核心广场。
⑦ 新旧建筑有机结合，生态设计。
⑧ 城市广场给主干道和地块周边围合建筑以缓冲空间。

元素
水域　树木
地面　建筑
景观小品　路灯

材料
水泥墙(50%)
玻璃(20%)　红砖(10%)
金属(15%)　石材(5%)

说明
1.水质特征：在人群集中的广场设供人嬉乐玩乐的景观喷泉（室内也可）。
2.树种特征：绿化以乡土树种为主，如雪松、槐树、栾树。
3.街道铺装种类：铺地选用大小结合形态自由灵活的石材，呼应地块功能之活跃。
4.建筑特征：建筑立面结合工业遗迹进行设计。
5.建筑材料：立面以水泥墙为主，使用面积占50%，其余为玻璃25%、红砖10%、金属15%、石材5%。
6.街道公共设施：此地块设施均匀布置，以保证各大小广场的活力。
7.街道灯光：满足总体安全需要，营造通往广场向心感。

图例
地块/道路红线
绿化控制线
建筑退界
建议高层外墙线
建议开放空间
人行道路
建议机动车出入
禁止机动车开口
地块边界
路缘石线

过程与感想
Process & Feelings

1 个人心得 PERSONAL EXPERIENCE

TEAM
We are a team
We work together
We grow together

王丹晶

此次经历让我总结了六点：
1.让探索新事物成为习惯
4.切记不要与自身的平凡为敌

2.别让自己成为不良情绪的奴隶
5.要友好，但不要人云亦云

3.智者畏因，愚者畏果
6.有些时候表面上的远离，其实是为了更接近

孙丽程

通过本次北方四校联合设计，给我最深刻的感受便是，无论做城市设计或是说建筑设计，都要寻求一套合适的方法论。同时也使我们找到了自身存在的问题，我认为我们亟需建立起来一套适合自身的建筑理论体系，并不断去完善它、去充实它。我想这才是联合城市设计所带给我们最大的价值。

于正委

经过这次学习，对城市设计有了一个较为全面的概念，知道了建筑设计与城市设计还有城市规划之间的关系，知道了建筑设计是不能独立存在的，很多的设计点是在城市设计的基础上进行的，但是在《城市设计》一书中提出城市设计是为人群而设计，为了提供舒适的室外空间，同时保证没有较差的建筑出现，并且我个人认为城市设计的界限和设计方法是比较重要的，前期设计中因为没有一个较为合理的设计方法而无从下手，但是接下来随着设计深入和探讨，不断推翻、演变、总结，知道了城市设计的理念和逻辑，这样往后的设计就变得得心应手，我会骄傲的说我比别的同学又学到了更多关于建筑方面的知识，知道了建筑设计该从更大的层面去考虑问题。

魏建男

从2015年9月份设计项目开题，到11月末设计终期答辩结束，共三个月的时间。这三个月对我的影响是巨大的。第一次做城市设计，第一次和别的学校联合交流设计等，压力是有的，动力也是有的。还依稀记得刚接触这个设计时的手足无措，由于是第一次做城市设计，对城市设计没有明确的概念，只能通过一边查阅大量资料一边做设计，我想这就是这次联合设计所强调的：边学习边设计。

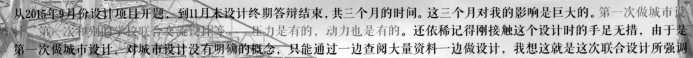

作为前言的后记 PREFACE

城市的发展可以追溯到久远的过去。对于城市的含义以及其对人类文明发展所起的作用，不同的人从不同的角度、不同的侧面有着不尽相同的认识和理解。人们创造了环境，反之，环境又影响了人。以城市生活的视角看，任何人都离不开现实存的城市物质环境。这一定会从城市环境和物质形态的感知中获得体验，而与此相对应的主要城市建设专业领域之一就是城市设计。

我们认为城市设计主要涉及中观和微观层面上的城镇建筑环境建设。传统的观点认为，城市设计主要与城市"美"的塑造或与"城市美化"相关，但今天的城市设计已经远远超过了单纯的城市"美"的问题，而越来越越扩展到其他方面。从广义上看，城市设计指对城市社会的空间环境设计，即对城市人工环境的种种建设活动加以优化和调控。

在过去，城市管理者对两极感兴趣。一个是建筑师视角的建筑单体的美观和形式；一个是自上而下的总体规划，每隔几年修订一次。而在中间层面的与城市环境密切相关的城市设计关心的人却很少。甚至在过去的一段时间内，我们连城市设计的操作主体都不很明确。

这个暑假所闻北方四校联合城市设计的课程设定，我们觉得十分新鲜。对于我们这些从未接触城市设计的学生来说，参与新课程是一个很好的提高机会，当然从时间轴上来说，我们又面临着不小的挑战。

从拿到课题之初就为自己设定了一个方向，作为学院里第一批接触城市设计的学生来说，我们要抓住这次机会，最大程度上地利用时间，找到适合自己学习城市设计开始的一套方法论，自己成长的同时也能给予接下来的同学一套参考，避免在探索的路上浪费不必要的时间。怎么入手呢？作为四个建筑学的学生，我们都深知自己的思维局限，突破这个局限需要时间，这个时间是否会大于两个月，我们不得而知。

既然决定了就做吧！再难也难不过我们的想象，既然要开始，目标就定向极致吧。虽然注定触及不到，但至少会让自己变得比想象的更好。我们开始阅读、交流、预设、推翻……周而复始。期间我们做出了很多方案的假设，都被一一否决。甚至到开始怀疑：城市设计不是一个虚无缥缈的东西，我们这样无休止地讨论下去也未必会有结果，我们向前冲，凭借自己的理解和对老师以及书本资料进行总结提炼甚至于怀疑。前面一片模糊，不知道是黎明前的黑暗。

最难熬的是心理战——相互之间的怀疑和自我怀疑常常使我们身心俱疲。也许从我们小组自己设定的一个极端开始，整个方案才开始了一线曙光。有人说话在建筑设计的角度做城市设计，还是应该注意下建筑的形态。毕竟这是给人看的东西，我们拒绝了。这意味着我们四个不放了独立思考的能力，虽然还有很多矛盾没有得到开解，但我们那很有默契地相视一笑。城市设计不是形态设计，而是基于人类社会综合要素的研究。城市设计不是给人看的，而是对城市未来某段时间内发展的预测，几乎是瞬间可确定，于是就有了我们最终展示的成果。面对各老师的肯定或否定的评价，我们都心存感激。在为我们看来有些体验有在过，这就是全部——做方案并不是为了自己过瘾，而是在承担着责任。担的时候积累，担之后很自豪，不管以后我们干什么。我们都会背负着建筑学带给我们的所有好品质自信的走下去。

再次致谢。
2015.12.19

一前期调研——北京站 PRELIMINARY INVESTIGATION

1 北京市首钢工业基地解读 2015.9.13-9.18
1.1 关于城市设计开题授课

2015年九月十三日，四校联合设计之北京市石景山区首钢工业区城市设计正式开题授课。在进行简短的开题仪式之后，各学校老师就城市设计相关问题开始授课讲解。

老师从如何进行基地调研，什么是城市设计，关于首钢研究，分析城市设计优秀作品等方面详细阐述了城市设计及首钢设计的概念与定位。

1.2 基地现场调研

首钢工业区内部现存较多笔直的烟囱、连续的管道、高耸的高炉等工业遗址，工业气息浓厚，工业特点鲜明；路网错综复杂，多断头路；工业区内部尚存几处完整的自然景观系统。

1.3 基地调研成果展示
1.3.1 基地内部道路系统&产业带动关系&视域关系

内部道路系统　　　产业结构带动关系　　　基地与周围景观视域关系

1.3.2 基地南向景观界面

焦炉烟囱　污水处理车间　冷却塔　水上影院　储气罐　冷却塔

1.3.3 基地北向景观界面

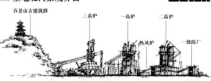

石景山古建筑群　三高炉　一高炉　二高炉　热风炉　烧结厂

1.3.4 工业区内部自然景观辐射范围

完整行道树景观

高活跃度区域

1.3.5 工业区内部工业景观分布

2 首钢工业区城市设计方案初步
2.1 设计定位

工业文化展览、文化教育、生产、交易、休闲、居住
具备完善组织、明确标示、供综合使用的地区
提供夜间活动且延长地区的使用时间让地区具有吸引力
提供艺术活动与艺术组织所需的条件
给居民与游客相关的艺术活动
提供当地艺术家更多就业或是居住的机会让艺术与社区发展更紧密结合
文化产业和设施高度集中的地方
并对外界产生一定吸引力的集生产、交易、休闲、居住为一体的多功能园区

2.2 基地设计策略
2.2.1 基地整体设计策略

基地西侧临永定河与石景山两大景点考虑规划为休闲广场。
基地中部无论从交通或景观等方面，都便于规划为核心区域，提供工业文化展览、商业、居住、娱乐等多功能集聚区。
基地东西两侧中部区域通过与南北两区产生连带效应，功能加以为核心区辅助即可。
基地东侧临近低层居住，考虑功能定位与小型休闲广场并建有商业娱乐类建筑。

2.2.2 基地局部设计策略
2.2.2.1 中央节点设计

基地中央节点比邻群名湖及四高炉、冷却塔等景观，具有良好的景观条件。设计上应充分考虑对这些景观元素的合理利用。

2.2.2.2 东侧节点设计

基地东侧节点临近城市主要道路，是基地与外部城市衔接的门户。在设计时考虑设计标志性建筑、雕塑或者是主题休闲广场，起到将外部人流引入基地内部的作用。

2.2.2.3 西侧节点设计

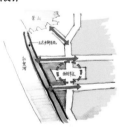

基地西侧节点临近永定河和石景山，上位规划中将永定河和石景山规划为生态旅游区，在设计上考虑把西侧节点融入生态旅游区，从而将基地与生态旅游区融为一体，增强使用者空间体验。

2.3 方案设计策略

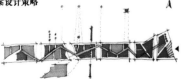

在方案初步设计上，我们考虑设计视线通廊，基地内部的使用者可以在视线上与周边现有很好的联系，同时我们还考虑基地本身的视觉和空间体验，通过略有曲折的道路系统，串联各个内部景观和室内外空间，从而微弱内外的空间体验的差异与统一。

3 建筑参观 随走随拍

2015年9月18日前期调研答辩于北方工业大学圆满结束。答辩结束后，我们组结伴参观了包括国家大剧院、鼓楼、后海、银海SOHO、国家图书馆、故宫在内的一系列知名建筑，随走随拍，受益颇多。

二中期考核——烟台站 2015.10.17-18 THE MEDDLE EXAMINATION

1 概念生成
1.1 首钢场所

1.2 提出概念

"场所"
Place

"基地"
Site

"土地，脉络"
Land & Context

"记忆的物体化或空间化"
Sense of Place

"认同感和归属感"

充分挖掘首钢工业区的场所精神

1.3 系统布局推敲草图
1.3.1 空中廊道布局图

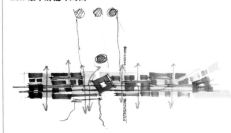

基地内部的道路规划以与周边景观有直接或者间接的视线联系为依据，让周边的景观很好地渗透到基地内部。同时，将部分完整性较好的空中廊道进行保留，一方面可以营造出原有的场所氛围，另一方面用以划分空间，增强空间的秩序感。

1.3.2 绿化系统布局图

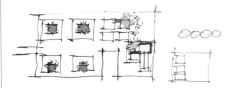

基地内部的绿化系统采用多种布局方式。在服务于基地外部城市人群的同时，也考虑基地内部人群的使用。

1.4 总平面推敲草图

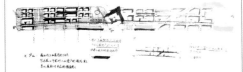

2 模型推敲
2.1 基地模型制作

首先，我们根据上位规划图，对基地及基地周边的体块关系进行模型化处理，让上位规划图中的数据更加的直观。
在方案设计的过程中，我们以"模型"为依托对方案体块大小、形体、高度、密度等进行推敲。
我们组始终相信通过模型做设计是最直观，最高效的方式。

3 中期方案模型展示

4 中期方案展示
4.1 设计概念

单一 对称 网格 → 转折 → 丰富 活泼 有机

4.2 总平面图

4.3 系统布局

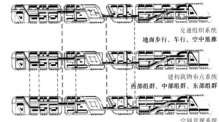

交通组织系统
地面步行、车行、空中廊廊

建构筑物布点系统
西组群、中部组群、东部组群

空间景观系统

以符合工业模数的平行交叉展廊实现对广场、建筑组织的理性控制和总体引导

4.4 功能定位

设计服务
旅游休闲
商业、餐饮服务业
数字娱乐

4.5 功能比例

产业	设计服务	旅游休闲	数字娱乐	商业、餐饮服务业	其他
比例	40%	20%	15%	15%	10%

5 方案效果图
5.1 鸟瞰图

5.2 局部效果图

中央节点   东侧区域

群名湖视点   入口节点

6 海边烧烤&篝火晚会

从9月初的开题到10月末中期考核答辩圆满结束，经历了一个多月的时间，在这段时间四校同学越来越熟悉，我们会在群里聊聊方案，谈谈建筑，讲讲笑话……
很高兴并且很欢迎这些来自天南海北的同学来到烟台交流讨论，当四所学校商讨之后确定中期答辩在烟台大学举行时，我们组的这四个小伙伴就想用别样的方式来招待远道而来的朋友，让四校联合活动给他们留下深刻印象；让烟台给他们留下深刻印象；让烟台大学给他们留下深刻印象；让我们给他们留下深刻印象。
我们考虑到这些内陆的学校应该没有太多机会在海边烧烤，最终我们组织了这次海边烧烤和海边篝火晚会。所有的同学为了这次四校联合设计一直在不停忙碌，看理论书、研究城市设计优秀案例等，没有时间停下来休息。当晚我们一起烤肉、一起喝酒、一起唱歌、一起谈天说地，长久得不到放松的身心终于畅快的放松了一次。来日方长，有缘再见。

三 终期答辩——济南站
2015.10.17-18 FINAL REPLY

1 关于城市设计终期感想

四校联合设计不知不觉已经进行近三个月了。在中期答辩结束以后，院内又进行了一次院系内部的答辩，用来让其他同学学习这样一个思维过程，并且让老师指出我们的优缺点，进而分析各个学校的设计思路以及各方面的优势，然后总结成我们自己的一些合理的一些方法或者观点去完善我们自己的设计。在看了各个学校在体块生成前的一些分析之后，我们顿时感悟到，一直以来没有得到解决的一个关键问题——设计的逻辑与方法，也开始明朗了起来，因为这本来就是一次学习交流的过程，看了其他学校的方案设计思路，我们找到了自己的定位，并且确认了自己以前通过书本的了解而确定的设计的逻辑和方法是正确的，所以我们摒弃了我们原有设计的60%左右，从头开始进行一次更为合理、逻辑性、缜密性更强，更有说服性的一次设计。

那时已经知道时间不多了，所以我们加快了自己的时间进度，首先对首钢原有的保留建筑进行了全面的分析，哪些适合保留，哪些虽然说保留了，但是也不进行采用，然后对场地在整个工业园北区内的定位以及和周围的关系进行了深入研究，明确了这块土地处在怎样一个位置，然后对各种城市设计（旧工业区改造）案例进行了研究，与自己的想法或者思路对比，查看还在哪些地方不够严谨，此时我们还在进行大量的前期工作准备，虽然已经到设计后期的设计阶段，但是这是一次学习的过程，无论何时，初始是对的，我们才可能有机会走下去，否则一步错，步步错，最后走上了一个与自己不清不楚是设计思路和方法的垃圾方案。

我们从基地现场分析了文化创意产业园的功能定位和对场地的影响，确定了园区与外围建筑功能或者以后将要改造或将有何等功能的关系进行了一个预测，这样我们能更好地确定场地内部功能片区的划分，不会导致以是为做场地而做场地。在确定了功能以后我们又用合理的主次序列的设计手法进行了合理的体块设计，然后根据各种限制因素去确定建筑体块具体的功能，这一步就进行的非常艰辛，因为各因素对各因素的限制太多，步步紧扣，合理地推导与连接实在不易，但是最终我们还是理清了思路，完成了我们的设计，导测部分我们也进行了合理的设计，因为对导测部分也没有确切的概念，所以我们对此进行了大量的资料查询，尽可能地对导测有一个了解，在对那些专业数据符号的使用以及如何进行导测设计的时候时间已经不多，但是我们依然不能马虎，加班加点完成了导测设计，慢慢地处理了一些细节，最终我们的方案完成了。

在去济南进行最终答辩以前，院系内部也为了院系的荣誉考忠，先在院系内部进行一次选拔，所以在进行了几个小时的答辩之后，我们也有荣幸被选中，也是大家努力的结果，也是对我们的肯定。

今天终于坐上去济南的火车，一路上我们有说有笑，晚上到达后我们还上了进行了一次小的解说看看还存在哪些语言表达方面的错误，及时进行调整。第二天进行答辩，各个学校都全面的展示了自己的实力，每一个方案都很精彩，自己确实电学到到更多。最终答辩圆满结束，我们回到烟台的车上也有说有笑，这是学期真的使我们真的受益匪浅，我们以后更应多关注更多方面去完善自己的建筑设计方面，无论是建筑设计还是城市设计，服务的对象都是人，最重要的就是要注意建筑在城市形象中的地位，注意人们在城市，在建筑中的感受。

2 最终方案概述

2.1 总平面图

8 40 80M

群名湖

北辛安路

2.2 数据控制方案布局〔部分数据〕

2.2.1 北京市2004-2007年文化创意产业增加值统计表

项目	增加值			平均增长率	占GDP比重 %		
	2007	2006	2005		2007	2006	2005
文化创意产业	992.6	812.1	700.4	17.44%	10.6	10.3	10.2
文化艺术	39.4	35.6	32.0	10.56%	0.4	0.5	0.5
新闻出版	140.9	134.2	114.7	11.00%	1.5	1.7	1.7
广播电视电影	102.1	73.2	77.9	16.27%	1.1	0.9	1.1
软件计算机等	429.9	333.0	265.0	27.38%	4.6	4.2	3.8
广告会展	57.7	48.1	50.5	7.60%	0.6	0.6	0.7
艺术品交易	10.4	8.4	8.6	10.74%	0.1	0.1	0.1
设计服务	105.3	81.8	75.1	18.83%	1.1	1.1	1.1
旅游、休闲娱乐	51.4	48.8	38.0	16.87%	0.6	0.6	0.6
其他辅助服务	55.5	49.0	38.6	20.10%	0.6	0.6	0.6

2.2.2 北京2013-2015年文化创意产业从业人员变化图

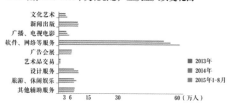

文化艺术
新闻出版
广播、电视电影
软件、网络等服务
广告会展
艺术品交易
设计服务
旅游、休闲娱乐
其他辅助服务

■2013年
■2014年
■2015年1-8月

3 6   15   30   60 (万人)

2.3 天际线

设计原则：
根据功能定位地段内东、西、中三个节点高度较高；
保存工业景观天际线设计空缺上；
参考上级规划建筑高度。

2.4 建筑体块生成逻辑

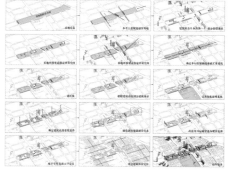

建筑整体的体块生成是我们核心模块之一，基本顺序是，根据平均的建筑控制先平铺体块在整个场地上，然后再根据合理分析出的需要保留的建筑和主要的大型节点厂房的控制进行减法设计，然后再根据视域的设计手法（不是主要的设计手法，以前有过这方面的设计误区）进行视域的退近切割，满足部分设计要求，紧接着根据我们自己确定的轴线进行人行的设计，主轴存在，不清楚但是还算是清晰可见。需达到通面不畅的设计程度，然后根据各种退红线以及建筑功能对体块的影响进行设计。功能这部分对形体的影响也占了很大比重，以及街道等级的定位和建筑出头的确定，停车场未知的确定都对体块的具体形体有所影响，所以我们也有考虑进去，进行了合理设计，最终结果如我所示。

3 数据草图〔部分草图〕

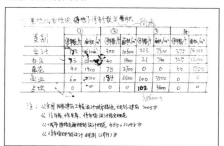

4 精彩回顾

答辩结束了，我们也感觉如释重负，在答辩结束后山东建筑大学的老师还给了我们一次学生之间学习交流经验的机会，我们也是聊的不亦乐乎，对城市设计的一些观点进行了激烈的争辩，并且也当同学们之间的学习进行交流，分享了很多的经验，毕竟都是各个学校的精英，这种机会是的非常难得。

这次活动结束了，但是我们各个学校之间的同学也还保持着密切的联系，因为这一次设计课形成了永远的朋友，有更多的机会去交流学习经验，去相互学习，扬长避短，这种教学的方法真的非常好，学生开了眼界，也学到了别人的长处。答辩结束的第二天我们一起旦游济南，在芙蓉街的时候我们去逛了山东工大学的美食，其他方面的学习进行了交流，分享了很多经验，毕竟都是各个学校的精英，这种机会是非常难得。我们一起吃遍了美食街，在南中吃烤蚕虫，搁河瓜，啃阳花奶等，印象深刻的事情是北方工业大学的何苗请我们吃九转大肠。味道奇特，难以下咽，但又不忍浪费，最后采用剪刀包楼梯的形式一决胜负的人吃掉所有的九转大肠。时隔一月，在写下这些的过程时还是难忘以及期盼能再次的相遇。

初探——在迷茫中前行

案例分析与学习

德胜尚城

德胜尚城紧邻德胜门古城楼，建筑融入了中国传统的青砖灰瓦构建元素，七个独栋写字楼规划布局由一条朝向德胜门的主轴串联，每栋都有自己的私属庭院和自己独有的景观。这种低密度、高舒适度，绝对不同于火柴盒式的独幢办公形态，独栋间有天桥做巧妙联接，如同北斗七星，为尚城再添一种街访的氛围。每栋楼顶的玻璃盒子（景观会议室）可以一眼望见景山、白塔和西山等风景。

鹿特丹市中心天桥

鹿特丹市中心建立起400米长的人行天桥用以连续三个核心区域——Pompenburg公园、Hofplein火车站屋顶花园以及重要的城市商业公共空间与建筑，最终实现一个三维城市景观。整个设计促进了城市的进化。在2011年鹿特丹市中心出现了许多空置的办公室，社会保险机构将其中一栋叫Schieblock的大楼作为城市实验室，把它改造成为一个叫Dakakker的企业孵化器，让其成为一个可持续发展的原型。将Delftsehof与鹿特丹最具活力的夜生活区紧密相连。打造出对儿童十分友好的Pompenburg公园，再把Hofplein造成绿色花园，让鹿特丹市中心变得更加绿色和宜居。然后，采用一条400米长的天桥将这些独特的重要区域联系起来。

艺术家工坊

高度集成化的设计，在建筑一层集中工作室，间间相邻，各自独立，连接成环，再将配套的休息间置于其上，内有楼梯联结。空间下大上小，突出创作的性质，避免出现居家场所，符合开放的定位。外墙下层封闭，利于静心创作，上层开敞，休息时有景可观。又因为下大上小的平面差异，使上部建筑之间留出半空间，形成二层上的环形小街，正迎合了艺术界交流历来有"圈子"的状态。

二层以上的建筑形态，平面上的锚加上形态上的变化，使之成为一种有机的聚集，在尺度和空间感上与下面方正的大盒子形成对比。中心庭院的设计。方正的庭院里，中心自然是焦点。从一开始，就把这里作为艺术空间的另一个展示空间的存在，设想这里有一条通向二层内街的通路。人走在这样的通路上本身就是舞台上的演员：他的行为本身就是一个展示的过程。

鲁尔工业创意产业园

经过20年的更新，鲁尔工业区走上了健康发展道路，为其他地方的老工业区改造创出了一条新路。它的成功主要体现在以下方面：
* 产业结构多元化。无论从大型企业和中小企业的规模，还是从工业和服务业的范围看，都显出了多元化趋势；
* 从封闭式纵向合作模式向更加开放的横向合作模式转变；
* 引入及扩大创新活动；
* 在新建及现有的研发机构和企业创立新技术领域（如生物技术、环境技术）；
* 建立了有利于创新活动的多元化基础设施，包括教育、研究机构以及融资服务机构等；
* 灵活的管理，包括地方政府与不同部门、行业及其他利益相关者的合作。

从社会经济观点看，对技术和革新的信心是鲁尔工业区从旧煤矿和钢铁厂向现代经济体系成功转型的关键因素，工业区改造的口号是："鲁尔头上是一片蓝色天空"。

西班牙帕尔马毛毯厂改建

改建，要在现有的基础上反映出当代社会的变化与需求，建筑师剖解原有遗址以及其冲击性的暴露，在加上新的金属结构框架，赋予空间新含义。原有的部分再被强烈的同时也为城市生活带来了新的惊喜和趣味。这处工业遗址前身是建于1851年的羊毛毯工厂。面积庞大的羊毛毯工厂成为这个地区发展上的一捭柄，首先，它以物理上阻隔了邻里间的交流。2003年，改革计划启动，这个工业遗址在改造范围之内，改造过程中，其重要的要素比如烟囱，被保留下来成为城市一道风景。由混凝土基础围合成成的成厂一层、二层，墙壁，展厅以历史悠久之的工厂面貌焕然一新，并提供了与视觉和物理层次联系的城市公共空间。

TIT工作室群

在中国快速城市化过程中，原有的街区肌理被破坏，一些城市边角用地被废弃。最近涌现的创意产业园模式则在一定程度上整合了当下的政治经济资源，使得这种城市用地具有了展示的可能性。设计从物质空间的使用探讨如何将城市生活引入基地中，细致考虑城市居民对空间的使用要求，探讨多种规划的可能性在设计中，规划、建筑、景观和部分室内一体化设计，形成整体性的广义的景观形态。然而整合性未不承办二层面景观的多样性，设计对每个细节和内容进行细致推敲，以形成多样性的广义景观。类似的创意产业园由于投资小，项目周期短，希望建造具有快速的复制性。在复制性的同时，又希望建能够吻合当地工作室群的特征，尽量保持每栋建筑建造的独特性。

浙江大学紫金港西区文科组团

文科组团的总体设计是从书院精神和人文精神出发，建筑形态和空间上通过院落设计再现中国古典建筑的核心要素，营造生动活泼的人文氛围和庭院情境，努力搭建一个多点渗透的共享平台，一个促进交流、思考、创新的校园场所。设计在保证各院系独立成线的前提下，整合公共服务资源。院落之间由回廊和平台组成路径的串联，平台贯穿组团，连接室内外空间及公共服务设施，是整个组团最为核心的公共空间，形成多元开放的交流场所。

芬兰瓦萨市城市规划设计方案

19世纪60年代，建筑师Carl Axel Setterberg为芬兰瓦萨市Vasan Raviradan地区设计了简单的网络状城市规划图。

获奖设计方案"InsideOutside"以网格为基础打造了一个现代化的城市框架。设计方案通过历史网格向本区延伸，使得该区域与城市中心的南部边缘相连接。网格规模的设计以Setterberg的规划为基础，进一步契合当地城市脉络，更大程度上增强性。

强大的网格结构能适应未来城市发展及城市中心向南延伸而继续扩展。从长远来看，网格扮演者城市构件的角色，能够好地配合未来周围围体育建筑群和国道3号的发展变化。在未来的发展中，网格将会是一个可伸缩的结构，一个具有高连接性的城市组织以及城市发展的灵活基台。

一些问题：

1 基地内部是否该有一条主线贯穿始终，来强调这块基地的整体性，基地的整体性是否存在，如果存在该如何体现，而这条主线该以什么样的形式存在？

2 对于这块基地的使用者来说，他们的存在状态是怎样的，比如艺术家：是否可以通过设计来重新设定休息工作和生活之间的关系？

3 如何在这块基地上体现城市设计的城市性，他与周边的服务与被服务的关系是怎样设定的，而它的服务半径又是多大？

4 新的设计手法的引入，是否能带来设计上的更多可能，而它对设计的最终成果又影响了多少？

5 在首钢这块基地的大环境上做的设计如何体现首钢特色，而基地本身的独特性又如何体现？

6 在建筑空间的组合上，对内私密性与对外开放性的配合以及与工业景观的结合该如何体现？

7 对这块基地价值的挖掘，为首钢发展提升的作用体现在哪里？

8 在上位规划中场地肌理几乎完全消失的情况下，如何有选择地保留首钢的记忆？

学习过程中的一些笔记：

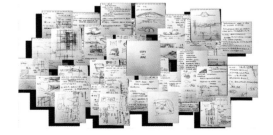

城市设计毕业心历路程

烟台大学

Traveling in BeiJing

北京贵宾楼饭店

北京饭店

茶馆

东华门

红砖美术馆

红砖美术馆

篱苑书屋

烟台大学第二组设计感想

在迎来这次"北方四校联合"设计题目："北京市首钢工业区的更新发展地段城市设计"之时，我们的心情是既兴奋又紧张的。兴奋之由是基地位于首都北京，全国的政治、经济、文化、国际交往、科技创新中心，相较于我们大学三年之前的设计题目范围有所扩大，这对我们来说将是一次充满挑战和惊喜的设计过程。

连绵千里的长城，气势宏大的故宫，幽静古朴的胡同，享誉世界的美食，鳞次栉比的高楼，川流不息的交通……构成了一座蕴含丰富文化精神的千年古城以及充满活力的国际化、现代化大都市。

在进行初期调研和答辩之前，我们提前三天到达北京，通过亲自体验北京的文化气氛，希望能对这次设计任务有所帮助。

我们选择的目的地有戴念慈先生设计的北京贵宾楼饭店，隈研吾先生在故宫附近设计的小茶馆，董豫赣先生设计的红砖美术馆以及李晓东先生设计的篱苑书屋……

虽然时间仓促，行程简短，所获却很丰富。北京老的东西很老，一块石头有可能就是几千年前留下的；新的事物以我们想象不到的速度在发展，可能下一秒出现的某个新生产物会影响甚至改变我们的生活方式。新和旧，历史和现代，幽静与喧嚣，安逸与忙碌，这是北京带给我们最直观的印象。

每一个当下都会成为历史，但是我们怎样才能在越来越现代的生活中感受历史的厚度，把先人创造的精神和物质文化延续下去？作为建筑学的学生，我们思考着如何去理解北京的文化，如何才能进行这次的设计题目。伴随着这些思考，迎来了在北方工业大学的进行的开题报告……

九月十四号下午，我们参加"北方四校联合设计"的老师与同学一起前往首钢厂区进行调研。

进入厂区，面对高耸的冷却塔，尺度异常庞大的高炉，随处可见的铁道和管道，锈迹斑斑的工业遗留……我们被首钢浓郁的钢铁文化所感染。

第一个见到的是焦炉，通过前期的资料收集，我们知道它是1943年拆建自日本釜山炼铁厂，1945年建设完成约60%，1950年开始恢复建设，利用日伪时期遗留的基础烟囱炉体砌筑斜道区。于1951年9月15日建成投产，是国内第一座机械化电气化的、配有自动仪表的新式焦炉。二焦炉直到2006年5月8日为迎接奥运才停炉成为全国首屈一指的"长寿焦炉"。

接着我们经过了三高炉，第一蓄水池。早在1919年建厂初期，第一蓄水池的位置和形状就已经确定，并没有任何大的变化，成为石景山钢铁厂发展的见证

厂区北面的筒仓已经在进行改造施工，一部分筒仓改造成为创艺办公，与我们即将进行的文化创意产业有很多共同之处。这些改造建筑在保留原有建筑的基础上，加入了玻璃等材料，与原建筑形成有趣的现代与首钢传统的对话。

接着我们来到了这次设计场地的南面，即群名湖畔。群名湖湖面开阔，视野所及有石景山、屹立的冷却塔、散落的焦炉与高炉等，良好的景观资源势必影响着我们的设计。

摸索——在实践与失败中思考城市

前期方案1——自然中的随性

方案构思：

出发点在于解决基地内部被公路穿行的问题，将整个基地作为一个整体考虑，为了增加它们的连贯性，所以采用底部架空的方法达到人车分流效果。又考虑到坡度及长度的问题，决定将其弯曲形成多个中心点，建筑景观一体化设计。

方案反思：

整个方案整体性过强，没有考虑到与首钢的关系，过于凸显自我。没有做到对整个区域产生带动作用，过高的姿态不易融于城市之中。

将建筑的设计手段强加到城市，虽然"人车分流"的出发点是为了解决城市问题，但是引起了更大的城市问题，南辕北辙。

前期方案2——骑行办公，引领新的交通方式

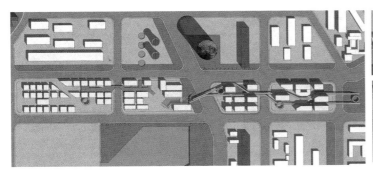

方案构思：

由当代中国城市巨大的交通方式问题产生思考，汽车使城市更加拥堵，环境逐渐恶化，城市各个地块因为规划变成一个个孤岛。道路越来越宽，绿化带越来越宽。人和人之间的接触也更加困难。在有路无街的粗暴规划下，难道中国的城市规划不正是以汽车为尺度而设计的吗？

"以人为尺度的城市"

并非建筑要做到人的尺度，而是城市应当是人的尺度。所以采用自行车作为各个地块的连结，倡导骑行的交通方式。算是对现今规划的一种叛逆吧。

方案反思：

自行车道的加入稍显生硬，与建筑之间关系难处理。

城市设计——不该是标新立异。是对城市的反思？还是处理好建筑与城市的关系？作为建筑学的我们要做的是什么？

中期方案——骑行办公，引领新的交通方式

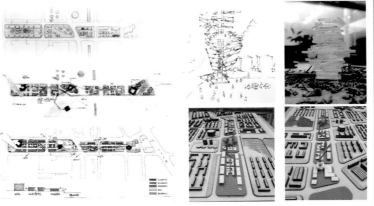

方案构思：

以视线切分建筑，形成主景观轴

让出广场，形成生态景观中心

三个节点控制整个场地

增加视线通廊，两条廊道多次交叉形成三个绿化节点

方案反思：

方案本身多了更多的控制，区块内道路和广场的关系非常明确，尤其是外部空间的设计更有针对性。

通过中期答辩的交流以及现在作业完成后的理解对当时的方案有了新的体会：

1、是否应为选择该地段所以要强调东西轴？

2、城市设计的着手点是方案地块还是从整个文创区入手？（在此我们确实向山建的老师及同学学习）

3、城市切片的概念被重视，该地段应当连接并带动南北两边而不是只强调自己。

4、依旧是"人"，怎样才能使人愿意在此工作生活？

5、城市设计应该做到什么程度？

中后期的城市设计再思考

中期答辩对我们来说意义很大，通过各个学校同学们的优秀作品及众多老师的点评，许多内心关于城市设计作业的疑惑得到解答，很多之前的想法被颠覆，内心也更加确定作业应该朝着怎样的方向进行。但是时间却特别紧迫了，距离交图仅有一个月……

我们还是狠下心做了一个决定，放弃之前的方案，推倒重来。

后期的工作为：继续阅读书籍、资料，从首钢现有的上位规划角度入手，重新审视文化创意产业及作业地块的意义，科学分析为支撑，建筑学的专业素养为操作，力求为该地块带来活力。为此面临了一些问题。

1. 方案切入点更高，从整个文创区的产业布局入手以及建筑经济指标入手，确定功能、相对应建筑形态及外部空间。

2. 是否以本地块为中心应从实际情况入手。由于该地块周围有大量的工业遗迹和自然资源，东端与相邻地块及干道联系紧密对外交通便利，可以预见这里有成为东西方向上最具活力地段的潜力，但是不可忽视南北干道交通轴线的存在。

3. 带状的中心区应当呈现怎样的状态？该"中心"的向心性应是功能上为旁边地块的中心，但是空间上呈现"非中心"应当具有南北向的穿透性，连接南北区块。即在

南北向除了主轴线外应当存在若干的次轴线，连接并覆盖整个文创区，使人的活动更加自由。人的活动会带来更多信息的传递和经济效益。

4. 上位规划下各个地块间联系的处理方式

在前期的方案中我们尝试了将基地看作一个整体的方式考虑问题，于是想通过连廊的方式加强地块之间的整体性，如自行车系统的加入。但是连廊的加入过于直接，面对城市规划现状下地块间的分割再联系并不是直面城市问题的好办法，加上造价较高不利于推广和对建筑产生过多影响。

我们采取地块间"空间上的延续与呼应"的策略，希望有一种普适的解决方式。例如西边两地块间空间连续，临街界面高度相同，削弱道路的阻隔感，同时两个半围合庭院与群明湖西北的公共绿地共同组成新的组团，加强了三个地块之间的联系。

5. 城市设计在产业定位与建筑衔接方面优势明显，因为从城市角度每一个地块已经不单单是一个独立的个体，适用于该地块建筑形态与产业结构相互作用。

周边资源及上位规划提供了建筑的基本形态与指标，以便配套更适合的功能业态；而功能业态又反作用建筑及建筑围合的外部空间，因此产业定位与建筑更加匹配。

城市设计作业感悟

从最初对城市设计完全陌生下的不知所措，到多次尝试未果的探索，再到一次次阅读、反思、请教与讨论，直到最后一个月在大伙的齐心合力下匆忙完成了这个方案，这个作业承载了太多东西。"城市设计"伴随了这劳累而充实的一学期，课程结束了但对城市的理解才刚刚起步。一路来一直抱着学习的态度在进行这个作业，随着对城市的逐渐了解，心中的问题也越来越多。终期答辩之后有很长一段时间没有再动这个作业，但是会不停的回过头来思考这个作业，尽管对城市及城市设计的认识仍然很浅，还是想以这次作业为契机记录一下作业的体会。

一、我看城市设计

第一次看到城市设计这个题目时的想法是用地面积的变大所以要考虑更多的问题，而实际操作之时却很难亲手捏城市设计作为建筑与规划之间的那个度。建筑学面对的是建筑单体，城市规划则是宏观地考虑整个城市，说城市是建筑或是规划都是不妥的，城市设计所要面对的问题更多，既要有宏观的视野又要有微观的意识，可以说是解决城市设计与城市规划之间的桥梁。

不可否认的是中国现如今的城市规划模式存在着很大的问题，因为交通拥堵所以行车道路越来越宽，因为植被稀少所以绿化带越来越宽，反而导致了汽车更加猖獗、拥堵，环境日益破坏，适合人的尺度的街道在

近些年新的规划中越来越少。城市规划看似科学但是简单的地块分割、建筑退线与绿化布置显得城市尺度过于巨大。而建筑设计因为针对的是城市规划下的单体设计，所以对城市的关心显得心有余而力不足。现如今的城市规划所缺少的正是建筑学所关注相对微观的问题，如果建筑与规划能够找到一个平衡点，那不正是城市设计的意义所在吗？

那城市设计作业对于建筑学学生的我们的意义又是什么？我想，我们面对上位规划时可以通过建筑师的视角进行城市的规划深化甚至修改，而当我们面对建筑设计之时又可以有城市的角度看待建筑做到让建筑更好的融入城市。

二、城市设计应该做到什么程度？

这次作业最初我们的想法是从建筑师的角度出发，正如前期的两个方案。加入了大量的曲线及廊道等元素，并美名曰"创意"。实际是把城市问题强行简单化、建筑化。

经过对前期方案的反思我们得出以下目标：城市设计应当为后来的建筑设计留有余地，提供城市设计导则。作为建筑学的我们可以在导则基础之上进行建筑造型及公共空间的推敲，以便为后来的建筑设计提供参考意向。

由于该次作业建筑规模较大，无法深入到建筑内部设计，因此将建筑形体完全确定是不现实的。建筑应当自由的生长，而我们所做的便是提供一种导向以便对后来的建筑设计提供一定控制。如果地块较小能够深入到具体功能之时建筑设计与城市设计之间就不再有明确的界限。

三、建筑学做城市设计的体会

这次作业最大的收获就是当做过城市设计之后再回到建筑设计之时能够用城市的视点来看待建筑。其实建筑本身存在于城市之中就应当考虑很多与城市相关的因素，虽然之前做建筑也会去考虑建筑与场地的关系，但是仍有许多建筑与城市的衔接点注意不到，经过本作业的洗礼对建筑与城市的关系有了进一步体会。

举一个小的例子，如方案中区块间建筑形体与外部空间的连续性可以将城市变得更有机，而不是每个人都在刻意强调自己。建筑师作为城市的建设者之一应当心中有城市的视角，理解所做建筑应当在城市中扮演一种怎样的角色。

终期答辩成员感想

林亚楠
1994.06.05
烟台大学
建121-1

这个题目给予了很大的思考空间，较少的限制，让我们的眼界的宽度和深度都得以增加，强调建筑设计背后的逻辑性，以一个更加理性的视角看待建筑设计，明白了一个建筑设计同时应该承载来自的城市和社会的责任。

段旎
1994.11.16
烟台大学
建121-1

通过这个作业学会了从城市的眼光理性的看待建筑，这是一个很大的转变。和老师同学一起经历的课题探索令人难忘，和其他学校同学的探讨交流也受益匪浅。

暨丽琴
1991.10.10
烟台大学
建121-1

这次作业收获的不仅仅是看建筑的角度从单体转换到城市，也对以前的作业有了进一步反思和更深的理解。同时，合作和讨论的过程也给我们带来了以前没有体验过的乐趣和感受。

谭业千
1994.08.09
烟台大学
建121-1

这次作业的最大收获不是结果，而是作业中老师和同学们一起努力对城市设计这个陌生领域的探索过程。很难忘的作业经历，将自己建筑设计的视点从建筑本身转变为城市。
感谢老师指导和烟台大学建筑学院12级同学们的援助。

姜雨尘
1993.05.06
烟台大学
建121-2

这次作业我学会了用城市设计的眼光看待问题，通过对整体的考量进行对建筑的整体规划，以前的作业都是进行单体建筑的设计，本次作业让我有了一个新的角度看待问题，进行了视角的转换，同时与四校同学的交流让我受益匪浅，希望以后还有机会参加如此有意义的活动。

提笔无语，2015秋季的许多美好回忆涌上心头。

话要简短，说四个缘字。

一、缘起，在长沙开会，四个学校的老师陆续碰见、闲谈、聚焦，就定了这个北方四校联合城市设计的框架：城市设计、每年一次、轮流值席。第一次2015开局在北京，北方工业大学主值，是我们的荣幸。四个学校，为了教学，从学术出发，走在一起，是彼此有缘。

二、缘分，四个学校的老师热诚敬业，相约北京，相谈甚欢，每校各举一贤，卜德清、任震、杨春虹、任书斌，四位经验丰富的教学老将联袂确立首钢主题，这是这次城市设计联合实践教学成功的基础。四个学校的老师，在一起，不熟悉的很快熟悉，熟悉的再次发现，这就是缘分。

三、缘生，四个学校的孩子们聚在一起，又分开，又相聚，再分开，再相聚，调研分析，设计制作，评图辩论，有欢笑、有孤独、有郁闷、有争论、还有一点竞争。但是，孩子们也收获了知识、友谊、方法。最主要的是，孩子们看到了、听到了、触摸到了不同。缘生自和而不同。这个缘，会有益孩子们一生。

四、缘长，一件好事情，不仅要做好，还要做得长久。这根本在于教师敬业、学生投入，还要有一些辅助工作，院长的职责就是服务，教授的工作有时也是搭台。感谢赵继龙、贾晓浒、隋杰礼三位院长，也感谢这前前后后做了许多默默无闻工作的老师和同学们。

感谢大家，并期待2016北方四校联合城市设计的到来。

北方工业大学建筑与艺术学院院长　贾东

兄弟院校的联合教学能够激发学生学习热情，引导学生广泛关注不同地域文化，缔结校际师生友谊，促进兄弟院校间取长补短，可谓一举多得。北方四校联合城市设计教学的顺利举行再次印证了这一观点，很多因素注定了她的成功。贾东、隋杰礼、贾晓浒几位院长胸襟博大，善于合作，三言两语即达成共识；老师尽心尽力，学生高度重视，唯恐落在兄弟院校后面；调研、中期汇报和终期答辩的主场高校精心组织活动，所有这些都注定了。各校师生表现出了高水准的专业能力和业务素养，烟台大学对城市设计根本目标和表述规范性的思考与探索，内蒙古工业大学学生的个性、创新精神和十足气场，北方工业大学对场地的深度理解、把握和深厚的城市设计治学底蕴，山东建筑大学的整体设计思路和举重若轻的过程方法，都给我留下了深刻的印象。

首届北方四校联合城市设计已成为一次成功和精彩的教学活动。期待这个活动在2016年有更加精彩的表现！

山东建筑大学建筑城规学院院长　赵继龙

内蒙古工业大学建筑学专业历经 30 年的发展历程，始终秉承"务实、勤奋、协作、创新"的教育理念，着重培养理论扎实、实践性强、具有一定创新能力的应用型人才。我们本着立足内蒙古，面向全中国的基本发展目标，积极探索既有地方特色又能体现时代风貌的科学发展之路。广袤的大草原给了我们博大开阔的胸怀，巍峨的大青山使我们具有坚韧不拔的气质。在一代又一代师生的共同努力下，我们培养出了一批又一批踏实肯干、积极进取、思想活跃的建设人才。

在我们逐步成长的路上，有幸得到了很多兄弟院校无私的帮助；在我们努力前行的道路上，有幸结识了很多志同道合、守望相助的好朋友。相互学习、取长补短才能够共同成长。当今中国建筑教育已经走向国际化、全球化，广泛的交流、开放的视野成为未来建筑教育的大势所趋。"北方四校联合城市设计"课程顺应潮流、应运而生。经过两个多月忙碌而充实的努力，首轮联合设计顺利完成，圆满落幕，取得了极佳的效果。我们学院教师和同学们通过此次联合课程设计学到了很多宝贵的经验，拓宽了视野，收获了友谊。非常感谢北方工业大学建筑与艺术学院、山东建筑大学建筑城规学院、烟台大学建筑学院为本次联合城市设计的各项环节付出的辛苦和努力，也衷心希望"北方四校联合城市设计"能够稳步持续地发展下去，成为国内建筑教育一个良好协作、共同发展的成功案例。

内蒙古工业大学建筑学院院长　贾晓浒

改革开放 30 多年来，中国在城市建设方面取得了举世瞩目的成就，一方面，无论是建设规模还是建设速度都让人叹为观止，整体面貌焕然一新。另一方面，过快的前进步伐也带来了诸多问题，在经历数十年的高速发展之后，当今中国城市建设的趋势已经由规模的增加，转变为品质的提高。在此背景下，城市设计的重要性日益凸显。

现代意义上的城市设计概念诞生于 20 世纪 50 年代的西方社会。发展到今天，在世界范围内，城市设计已经形成边界清晰的，独立而完整的学科领域。城市设计强调城市的整体性，注重城市空间品质的塑造，同时又关注城市在地域特色、历史文化、自然环境等方面的特点，是打通建筑设计与城市规划的关键环节。在一定意义上，城市设计可以成为建筑学、城乡规划学、风景园林学等学科中设计理论研究和创作实践的共同平台。

从总体来讲，一方面，我国城市设计学科的发展还处于起步阶段，虽然不少建筑院校已经开设了城市设计课程，或设置了城市设计研究方向，并培养了一批从事城市设计相关研究和实践的专业人员。但相对于西方发达国家，在城市设计方面，我们无论是理论研究的广度和深度，还是工程实践的技术和经验都有一定的差距，也远远不能满足我国城市建设的需要。另一方面，国内各院校在城市设计的理论和教学研究工作中，往往受到地域、师资、研究平台等因素的制约，会自觉或不自觉的各有侧重，虽然特色鲜明，但难免挂一漏万。特别是一些地方普通高校，自身力量相对薄弱，难以在短时间内形成相对比较全面的教学和研究体系。

面对这种情况，烟台大学建筑学院、北方工业大学建筑与艺术学院、山东建筑大学建筑城规学院以及内蒙古工业大学建筑学院经过友好协商，共同商定，为增强各校建筑学专业之间的交流互动，提高城市设计教学的质量和学生的专业素养，完善城市设计的理论研究，从 2015 年起进行北方四校联合城市设计教学。联合教学采用四校轮值制度，每次开题、中期考核及最终答辩均在不同学校巡回进行，力图打造一个四校共享的城市设计教学平台，互通有无、取长补短。

本次联合教学开题阶段由北方工业大学建筑与艺术学院负责，中期考核及最终答辩分别在烟台大学建筑学院和山东建筑大学建筑城规学院进行。在联合教学期间，四校师生均积极投入、忘我工作，展示出了各自在城市设计教学方面的特色和优点，最终成果也是精彩纷呈，令人难忘。在本次联合教学的成果结集出版之际，我谨代表烟台大学建筑学院衷心感谢为此次联合城市设计教学的成功举办而辛勤付出的老师和同学们，衷心希望我们四校联合教学越办越好！同时也希望各位读者和同仁提出宝贵意见，为我院及兄弟院校城市设计教学和研究进一步增光添彩，

谢谢！

烟台大学建筑学院院长　隋杰礼